情绪管理
心理学

宇锋 著

时事出版社

图书在版编目（CIP）数据

情绪管理心理学 / 宇锋著 . —北京：时事出版社，2021.2（2024.4 重印）

ISBN 978-7-5195-0371-0

Ⅰ . ①情… Ⅱ . ①宇… Ⅲ . ①情绪 – 心理学 Ⅳ . ① B842.6

中国版本图书馆 CIP 数据核字（2020）第 261080 号

出版发行：时事出版社
地　　址：北京市海淀区彰化路 138 号西荣阁 B 座 G2 层
邮　　编：100097
发行热线：（010）88869831　88869832
传　　真：（010）88869875
电子邮箱：shishichubanshe@sina.com
网　　址：www.shishishe.com
印　　刷：三河市华润印刷有限公司

开本：670×960　1/16　印张：16　字数：197 千字
2021 年 2 月第 1 版　2024 年 4 月第 2 次印刷
定价：42.00 元
（如有印装质量问题，请与本社发行部联系调换）

前言

人生犹如跌宕起伏的海洋，人就是那航海的船，想要顺利驶向远方，到达理想的彼岸，就必须及时调整帆的方向。而情绪无疑就是船上的帆，在船即将发生危险的时候，迅速转变帆的方向，船就会向正确的航向行驶，而我们的人生才能达到理想的状态。

英国诗人约翰·米尔顿说："在成功的路上，最大的敌人其实并不是缺少机会或是资历浅薄，而是缺乏对自己情绪的控制。愤怒时，不能制怒，会使周围的合作者望而却步；消沉时，放纵自己的萎靡，会白白浪费许多稍纵即逝的机会。一个人如果能够控制自己的激情、欲望和恐惧，那他就胜过国王。"

米尔顿的话再一次告诉我们控制情绪的重要性。

我们每一次遭遇的不如意，每一次因此而产生的痛苦情绪，都是带来更大收获的种子，把它埋入心中，化为激励自己的能量，就能引导我们走向成功。然而，并不是每个人都善于转化自己的情绪，有些人在追逐成功的路上烦恼不断、痛苦不堪，却找不到转化情绪、排解痛苦的方法，由此失去了拥有正能量的机会，与成功失之交臂。

现如今，人们的物质生活极其丰富，精神生活异彩纷呈，但压力却一天比一天大，情绪一天比一天暴躁，人们对自己、他人和社会越来越不满足，众多负面情绪已经影响了人们的正常生活和工作，降低了幸福感。所以，找到有效调控情绪、转化情绪的方法便迫在眉睫。

本书立足于此，从“意识篇——情绪的惊人力量”“训练篇——优秀的人总是有好情绪”“升华篇——如何拥有稳定的心态”三个方面，带领读者走进熟悉又陌生的情绪世界，帮助读者了解情绪从何而来，学会如何察觉当下的情绪，如何有效管理情绪并合理转化负面情绪，拥有积极健康的稳定心态。深入浅出的理论介绍、真实生动的场景再现、具体实用的方法技巧，有助于读者消化负面情绪，轻松领悟情绪管理重要方法，重新找回属于自己的正能量。

· 目录

上篇
意识篇——情绪的惊人力量

第六章 / 如何将坏情绪转化为正能量

第七章 / 如何疏导积压的负面情绪

下篇
升华篇——如何拥有稳定的心态

第八章 ／ 面对成就：喜到意满沉得下

第九章 ／ 面对紧迫：急到燃眉定得住

第十章 / 面对委屈：屈到愤极耐得住

第十一章 / 面对困难：苦到舌根吃得消

第十二章 / 面对欲望：烦到心乱静得下

[上篇]

意识篇——情绪的惊人力量

情绪每天和我们如影随形，却又让我们无从把握。面对自己或他人的情绪，我们常常惶恐不安、不知所措。为什么我们会有情绪？它是如何产生的，又是怎样消失的？好情绪与负面情绪分别会带来什么样的后果？现在，就让我们来一一解开这些关于情绪的困惑。

第一章 ／ 察觉自己当下的情绪

“我没有情绪问题，我很好！”这是你面对自己情绪的态度吗？如果不承认、不接纳自己的情绪，又何谈转化情绪？人的情绪是复杂多变的，想要改变情绪状态，首先要做的就是察觉当下的情绪状态，然后承认它、接纳它。

走进熟悉而又陌生的情绪世界

提起情绪，或许你会说：它一点都不神秘。喜、怒、哀、乐、忧、思、悲、恐，我们每天都被各种各样的情绪包围着。但若问起究竟什么是情绪，又很少有人答得上来。人人都有情绪，有些人甚至有过刻骨铭心的情绪体验，却无法给情绪下一个准确的定义。

让我们来看看下面这位朋友的日记，了解一下什么是情绪。

今天早上醒来，心情特别低落。吃着早饭，泪水在眼眶里止不住地打转，饭在嘴里，却难以下咽，昨晚你刺耳的话语还回荡在耳边。出门前，看了一眼手机，有一条未读短信，你的寥寥数语又让我不知所措了。昨天晚上，我们都太激动了，我知道我的有些话伤了你，可是，你又何尝没有伤到我？为什么我们对彼此都这么敏感？

来到公司，我一点工作的心情都没有。打开电脑，想写些东西，可是还没写两句，眼泪又不争气地涌了出来。我关掉页面，想去趟洗手间，却不小心一头扎进了男厕所，吓得我心惊肉跳。情绪坏到这种地步，还从来没有过。从来都不认为自己是脆弱的，再难、再苦、再累，我觉得自己都可以挺过来。但，我就是受不了最亲的人的指责！

下午要出去做调研。也好，借此出去放松一下，调整调整心情。什么时候我才能变得不在乎这些呢？我想，我始终是做不到的。

这位朋友的情绪可谓糟糕透了，从日记的描述来看，她很坚强，又很脆弱；她在不停地和自己对话，以此来缓解自己的情绪，但一时又难以从负面情绪中抽离。其实，情绪就是这样的：看似习以为常，实则难以捉摸；看似非常简单，实则错综复杂。鉴于情绪的复杂性，心理学家给情绪下了这样的定义：情绪是人对客观事物态度的体验，是人的需要获得满足与否的反映。情绪是一种复杂的心理现象，是内心的感受经由身体表达出来的状态。

我国古代有喜、怒、忧、思、悲、恐、惊的七情说。美国心理学家普拉切克也提出八种基本情绪理论：悲痛、恐惧、惊奇、接受、狂喜、狂怒、警惕、憎恨。心理学家比较认同的人类的四种基本情绪是快乐、愤怒、恐惧和悲哀。从上述三种说法来看，人类不愉快的情绪体验似乎占比更多。为什么会这样呢？这还要从情绪产生的基础来说起。

情绪产生的基础是需要，凡是能满足需要或促进需要得到满足的事物，便会引起我们愉快的情绪；相反，凡是不能满足需要或可能妨碍需要得到满足的事物，便会引起我们不愉快的情绪。当一个人的期望或追求实现后，心理的急迫感和紧张感得以解除，需要得到满足，快乐的情绪便由此产生；当一个人的需求受到抑制或阻碍，愿望无法实现，紧张感增加，甚至不能自我控制，出现攻击他人的行为，这时的情绪就是愤怒；当危险状况出现，人们企图摆脱而又无力应付时，产生的情绪就是恐惧；由喜欢的对象遗失、期望的东西幻灭而引起的不舒适情绪，就是悲伤。

从以上四种情绪产生的过程来看，情绪的产生有主观原因和客观原因。客观原因就是客观现实本身，包括人、事、物。当客观现实满足或者满足不了人的主观需要时，身心就会受到相应的刺激，进而产生一种身心激动的状态，即情绪。因为人性的本质是贪婪的、不易得到满足的，所以不愉快的情绪总是那么多。

同时，人的需要也是复杂的，人脑对客观事物与人的需要之间关系的反映更加复杂。所以，同一件事情可以让一个人喜，也可以让另一个人悲，有时甚至能引起人们自相矛盾的情绪，所谓悲喜交加、百感交集，正是如此，这也从侧面说明了情绪的复杂性。

情绪还有其延伸内涵：第一泛指感情；第二指心境，比如“一个人的母亲去世了，这段时间情绪都不太好”，这里指的就是心境；第三指劲头，比如，说一个人工作情绪不错，就是工作充满劲头；第四指不正当或不愉快的情感，也可以称为负面情绪，我们常说人“闹情绪”，闹的就多是负面情绪。

除此之外，根据发生的强弱程度和持续时间的长短，情绪又可分为心境（比较微弱但持久的情绪状态）、激情（迅速强烈地爆发但时间短暂的情绪状态）、应激（出乎意料的情况下引起的情绪状态）等状态。

看到这里，你或许会发出感慨——原来，我对情绪所知甚少。正因为如此，我们才有必要学习和探讨有关情绪的更多内容。

情绪是如何对我们施加影响的

为什么在产生情绪时，我们会产生相应的应激反应？为什么有人在面对负面情绪时，却能爆发出正能量？为什么有人天天情绪高昂，有人却天天失落？为什么不同情绪撞击在一起，会产生那么可怕的后果？下面四个关于情绪含义的解读可以帮助我们获知这些问题的答案，它们生动地说明了情绪是如何对我们施加影响的。

1. 情绪像“保安系统”

情绪就像“保安系统”，一旦我们的身心受到威胁，这个“保安系统”就会发挥作用，发出相应的警报信号。这样，我们就可以及时采取措施保护自己，免受伤害。例如，遇到危险情况时，恐惧情绪会迫使我们采取躲避或者抵抗的行为；做错了事的时候，内疚和自责则会驱使我们纠正行为，弥补损失。当然，这个“保安系统”有时候也会失灵——在遇到微小刺激时反应过激、警铃大作，或者对危险和过失逐渐麻木，失去反应。所以，我们要经常自省，以确保它正常运行。

2. 情绪像“发电机”

情绪就好比“发电机”，勇敢、自信、愉快、感激、同情等情绪能源源不断地制造能量，推动人的各项活动，令我们时刻保持积极上进的状态。

3. 情绪像颜色各异的毛线

生活就像一块彩色的毯子，不过，这块毯子是什么颜色的，全看你自己用哪种颜色的情绪毛线去编织。假如你用灰黑色的毛线织，织出的毯子就会灰暗无光；如果你只用白色，毯子就会是一片单调的空白；如果你善于运用各种颜色，就能织成色彩斑斓的毯子。

这个意思就是说：你有什么样的情绪，你的人生就是什么颜色。

4. 情绪会发生“化学反应”

一个人内心的各种情绪交织在一起，会产生令人意想不到的效果。在和他人的交往中，彼此的情绪交融、撞击，也会产生化学反应。

实际上，拆分情绪的定义，我们就会发现，情绪是一种主观的情感体验，它与情感、心态、感觉等是分不开的，但同时又有所区别。情感、心态等与人的社会性需要相联系，具有稳定性、持久性、隐藏性等特点，不一定有明显的外部表现；情绪与人的自然性需要相联系，具有情景性、暂时性、短促性等特点，有明显的外部表现。情感的产生伴随着情绪反应，而情绪的变化也受情感的控制。情感、心态等决定了情绪，情绪是情感、心态的外在表现。

所以，情绪无所谓对错，只有当人无法驾驭情绪的时候，才会出现所谓的负面情绪。情绪具有短暂性，即受到外部的刺激，就会在瞬间爆发。情绪具有夸大性，人们常常会表现出与事实有距离的情绪，特别是负面情绪，为了表达自己的不满，引起他人的重视，人们常常会夸大其词，放大自己的感受。

情绪时刻对我们施加影响，同样，我们也可以反过来掌控情绪。调控好自己的情绪，会为我们的生命增添色彩，成为美好的享受；反之，则可能会成为我们的负担，甚至损耗我们的生命。

研究情绪对生活有积极的助益

古阿拉伯学者阿维森纳曾做过一项实验。他把一胎所生的两只小羊放在不同的环境中：一只小羊随着羊群在草地上快乐地生活；另一只小羊旁边则拴了一只狼，这只狼不断地攻击、威胁这只小羊，在极度的恐惧下，小羊吃不下任何东西，不久就死掉了。在另一项实验中，心理学家把一只饥饿的狗关在铁笼子里，笼子外面，另一只狗当着它的面吃肉骨头。笼内的狗因气愤和嫉妒而变得焦躁，产生了神经症性的病态反应。这两个实验说明，负面情绪有强大的破坏性，长期被负面情绪困扰，身心会产生疾病。

一直以来，心理学家都致力于对情绪的研究和探索。探寻情绪的目的并非只是为了了解情绪是什么，更是为了能掌握利用正面情绪、释放负面情绪、化负面情绪为正能量的方法。这才是研究情绪的真正意义。只有掌握了更多情绪的内在规律，才能真正地实现这一目的，让情绪为我所用，帮助我们获得快乐的人生。

具体来说，探索情绪对于我们的生活有以下助益。

1. 通过情绪认识他人

我们说过，情绪是一种复杂的心理现象，是一个人心境、情感的外在反应，它真实地反映出一个人内在的信念与价值观。所以，通过观察一个人的情绪，我们可以更加了解这个人，知道如何与之相处，使彼此的关系更加和谐。

2. 通过改善情绪提升幸福感

可以说，人的一生就是一部同消极情绪对抗的斗争史。你克服了消极情绪对自己的影响，人生便更容易获得幸福和成功；反之，你若被负面情绪牵着鼻子走，结果就很可能像实验中的小羊，活得痛苦而失败。你越了解情绪，就越容易获知调节负面情绪的方法，所以探知情绪是提升幸福感的渠道之一。

3. 通过认知情绪促进成功

事实上，负面情绪对人的身心并非只有破坏作用，适度的负面情绪对生活是有帮助的。比如，被他人轻视后产生的郁闷情绪会督促你更加奋发向上；因失败而产生的痛苦情绪会引导你更积极地寻找成功的机会；对未知事物的恐惧令你不再盲目地冒险。每一种情绪都有其意义，或是指引方向，或是给予力量。充分认知情绪，才能化消极为积极。当你身上的正面情绪越来越多，你的能量也会越来越大，做事情自然就更容易成功。

情绪就像潮汐，也有周期性

大海有潮汐，月亮有盈亏，一年有四季轮回，人的情绪也有周期。所谓“情绪周期”，指的是一个人在情绪激昂和低落的交替过程中所经历的时间，它是由人的生物属性决定的，反映了人体内部的周期性张弛规律。

科学研究表明，人的情绪周期一般为 28 天，每个周期的前一半时间为“高潮期”。在这个时期，人们会表现出强烈的生命活力，待人和善，感情充沛，做事认真，容易听取别人的意见，常常感到心旷神怡。后一半时间则为“低潮期”，处于这一时期的人容易焦躁、发脾气，易产生抵抗情绪，喜怒无常，常常感到孤独和失落。高低潮之间为“临界期”，临界期的情绪通常呈现出不稳定状态。

小杨发现，自己的老公这几天也不知是怎么了，不爱说话，对自己也很冷淡，总是躲在一旁看书、上网。有时，小杨忍不住去接近他，老公就很不耐烦地对她说：“一边去。”小杨感到莫名其妙。她跟自己的朋友抱怨说：“我丈夫哪里都好，就是有时候会无缘无故地发脾气。奇怪的是，每到月底基本上都会这样，也不知道是怎么回事。”

小杨之所以会有这样的抱怨，是因为她不知道人有情绪周期。小杨老公表现出的正是男性处于情绪低潮期的状态。很多人觉得，男性好像没什么情绪变化，这是因为男性的情绪变化比较隐蔽。如果你留心观察身边的男士就会发现，他们总是在某段时期心情烦闷，这就表明他们正处于“情绪低潮期”。如果你不了解这一点，就会在与之相处时感到委屈——我又没有惹你，你为什么要冲我发火？其实，这个时候你应该理解和关心他，帮他疏导负面情绪，而不是给他施加压力。与男性相比，女性的情绪周期是随着生理周期一起变化的，所以，女性朋友在生理期来临时，要提醒自己不要轻易忧郁、焦躁、发脾气，应及时舒缓情绪，让自己保持冷静平和，才能平稳地度过低潮期。

为了准确获知自己的情绪周期规律，我们可以做这样一个实验：任选一年中的某个月，纵列为日期，横排为不同的情绪指数，包括兴高采烈、愉悦快乐、感觉不错、平平常常、感觉欠佳、伤心难过、焦虑沮丧。每天晚上想一想自己今天是什么情绪，并在相应的一栏打钩。下一个月再重复上个月的行为。一段时间后，你会发现，在每个月的某几天，你的情绪基本一致。这就是你的情绪规律。

了解自己的情绪周期，有助于调节自身情绪。情绪高潮期时，小心不要过于兴奋，不要轻易许诺，凡事三思而后行；情绪低潮期时，要给自己适当的心理暗示，告诫自己不要发脾气，不要冲动，不要太失落，相信一切都会好起来。除此之外，我们还可以根据情绪周期来安排工作：情绪高涨的时候，安排一些难度大、较烦琐的工作；情绪低落时，避免去做易引发暴怒的事项，要多去户外散心，多和朋友聊天，以寻求心理上的支持。

除了了解自己的情绪周期外，我们还要尝试了解亲友、同事、客户的情绪周期，这会对你的生活和工作有很大的帮助。比如，生活中，当朋友对我们发脾气的时候，我们会知道，不用和对方生气，他只不过是处于情绪低潮期而已；在工作中，你和客户谈业务，客户可能表现得很没兴趣，这个时候千万不要放弃，等过几天再去找他，对方也许就会开心起来，会有兴趣听取你的提议。

情绪有各种奇怪的表情

每个人都无法进入他人的内心，只能通过听其言、观其行、看其面部表情来窥探他人的心理变化。同样一句话或一个行为，配以不同的情绪表情，表达出来的意义也不尽相同。例如，把一本书轻轻地放在桌子上，表达的是平静的情绪；而把这本书重重地摔在桌上，表达的就是生气的情绪。

所谓的“言外之意”“弦外之音”，若没有情绪表情的辅助，我们根本无法识别。所以，表情比言语更能彰显情绪的真实性。很多时候，一个不经意的动作就能暴露出一个人的真实意图。

陈辉越来越佩服自己的老婆了，因为老婆就像他肚子里的蛔虫，他的任何想法都逃不过老婆的眼睛。

周末，陈辉想和一帮老同学聚一聚，但怕老婆不让他去，就打电话告诉老婆晚上要加班，可能回家会很晚。老婆没有多问什么，只是叮嘱他不要太累了。

这天晚上，陈辉和老同学玩得非常尽兴。为了回去好交代，陈辉忍着没喝一滴酒。晚上 11 点多，陈辉十分仔细地检查了全身，确保没留下任何蛛丝马迹，这才悄悄走进家门。

老婆看到他回来，关切地问：“累不累啊，吃过饭了吗？”

陈辉故作镇静地说：“好累啊，我不想吃饭，只想马上睡觉……”

“哦，那在睡觉前是不是得先交代下今天晚上去哪儿了？”妻子看着他问道。

“我……没有去哪儿啊，我就是在……加班啊。”陈辉慌慌张张地想掩饰。

“那好吧，我明天打电话到你们单位问问。”

陈辉一看这样，只好老实交代，但他疑惑地问：“你怎么知道我没加班呢？”

妻子微微一笑，说：“我一看你摸鼻子，就知道你心虚、紧张，肯定是在说谎。”

一个细微的动作暴露了陈辉的内心，这就是情绪表情的作用。情绪表情是我们了解他人的重要途径，忽视或错误解读情绪表情往往会导致沟通出现障碍。一般来说，情绪表情可以分为以下三种。

1. 语调表情

语调表情是指通过语音的高低、强弱、快慢来表达情绪状况。例如，人们在惊恐时高声尖叫；伤心时声调低沉，节奏缓慢；气愤时声音高亢，节奏变快；爱慕时语调柔软且富有节奏感。

2. 面部表情

面部表情是指通过眼部肌肉、颜面肌肉和口部肌肉的变化来表现各种情绪状态，如眉开眼笑、怒目而视、愁眉苦脸、面红耳赤、泪流满面等。面部表情是人类情绪表达的基本方式，同一种面部表情会被不同文化背景下的人们共认和使用。快乐、惊讶、生气、厌恶、害怕、悲伤、轻视，这七种基本的情绪表情在全世界都能被精确辨认。

3. 身体表情

身体表情是指由人的身体姿态、动作变化来表达情绪。如，高兴时手舞足蹈，悲痛时捶胸顿足，成功时趾高气扬，失败时垂头丧气，紧张时坐立不安，献媚时卑躬屈膝等。弗洛伊德曾有过这样的描述："凡人皆无法隐瞒私情，尽管他的嘴可以保持缄默，但他的手指却会多嘴多舌。"美国科学家也发现，当人撒谎时，紧张情绪会使鼻腔细胞组织充血，鼻子便会随之变大，虽然并不明显，但撒谎者会因轻微的瘙痒而不自觉地去摸自己的鼻子。所以，人们常常通过身体表情来判断对方表达内容的真伪。

日常生活中，我们也可以通过观察身体表情来判断对方的性格和状态。比如，爱指手画脚的人一般容易冲动；喜欢把手指关节弄得"啪啪"响的人，内心充满对未来事物的恐惧；爱抓头发说明这个人正处于不稳定的情绪状态；用手掩嘴，长久保持同一动作，表示此人情绪低落。

情绪表情是人与人之间有效沟通的媒介，我们通过情绪表情表达内心，使我们更容易被别人了解，同时又能通过情绪表情快速地识别他人的情绪，这也是情绪的奇妙之处。

学会体察当下的情绪

同事向高明请教问题，高明淡淡地说："你自己想想吧，这个我也不熟悉。"同事看了看高明，纳闷地走了。高明接着看一个下属提交的文案，一边看一边摇头，然后一个电话把下属叫了过来，把方案扔到他面前，说："这个方案是怎么做的，重做！"下属讷讷地拿起方案，转身出去了。

待下属走后，旁边的同事问道："你怎么了，心情不好吗？"

"心情不好？没有啊，我心情很好。"

"从来没见过你对下属发火。"

"发火？我发火了吗？没有吧。"高明一脸的疑惑。

快下班时，妈妈打来电话，问他晚上想吃什么。高明不耐烦地说："妈，这点小事就不要老打电话烦我了，你做什么我就吃什么！"

"小明，你这是怎么了？妈妈平常给你打电话，你可不是这样的态度。"说完，妈妈把电话挂了。

妈妈的话点醒了高明："我今天说话口气真的不好吗？这几天，工作也不在状态。难道昨天和上司的谈话真的影响到我的情绪了吗？"

想要有效调节情绪，先要学会体察情绪。所谓"体察情绪"，指的是能够监控自己的情绪以及及时察觉经常变化的情绪。你是否听过别人这么说自己："莫名其妙！谁惹你了？"或者"你今天这是怎么了，好像跟全世界的人都有仇。"而你却觉得："我没有怎么样啊，我很正常。"你发脾气了，有情绪了，自己竟然没有意识到，这就是不懂得体察情绪的表现。

有时候，情绪是微妙的、不易察觉的。就像高明一样，不但在发泄之前未曾察觉，在发泄之后仍然不自知。这就像生病一样，病情来临之前就有征兆，但你未曾察觉；病情已然来袭，你还麻木不仁，不采取措施应对，一旦"病情"加重，必然会给身体带来极大的伤害。学会体察情绪，就是要学会关照自己的心情，在内心感到"不舒服"的初期，就要想办法疏解，把不好的情绪消灭在萌芽状态。如果刚开始没有发现自己的情绪出现了问题，在经别人提醒之后，就要及时反思。

小璐这几天一直都不太开心，她也不知道这是为什么。她静静地坐在床上，回想这几天发生的事情，突然想起一位同学向自己借了一本书，几个月了还未归还，自己催了他一次，他还是没有要还给自己的意思。原来，自己是在为这件事生气。

不就是一本书吗？小璐有点不愿意承认自己仅仅是因为一本书就如此气愤。难道真的是自己太小气了吗？很快，小璐就否定了自己的想法。她认为，因小事而心生怒气本就是人之常情，没有什么不好承认的。她决定明天就去向同学要书，解决这个困扰她的麻烦。

与自己的情绪对话，是体察情绪的好办法。你需要找一个安静的环境，聆听自己内心的声音，感受此刻的自己是内疚还是怨恨？是害怕还是哀伤？想一想为什么自己的心情总是抑郁的？此时，你可以问自己下面几个问题：我现在的感受是怎样的？是什么人或事让我有这样的感受？产生这样的情绪是合理的吗？通过这样的问话，你会更容易觉察到情绪产生的始末。

情绪有时会带着似是而非的假象，只有揭开表层，才能发现引发情绪的真实原因，体察情绪就是这样一个拨开迷雾的过程。体察情绪是转换负面情绪的第一步——连病情都不了解的人，不可能对症下药；连情绪都不能体察的人，也不可能有效调节情绪。体察情绪是爱自己的表现，也是情商的核心内容。

与其压制情绪，不如学着接纳

中国传统文化提倡人要“喜怒不形于色”，认为一个人轻易地表露情绪是软弱、不成熟甚至没修养的表现。在这种潜意识的影响下，很多人在有情绪时会选择隐藏和压制。然而，这样做真的对自己有帮助吗？

最近，小欣遇到了很多事，先是工作上犯了一个大错误，被上司狠狠地骂了一顿，扣掉了当月的奖金；随后，她又和男友大吵了一架，面临着分手的可能；还有，她之前报考了研究生，考试时间临近，但她既没有复习的时间，也没有复习的心情，考上的希望十分渺茫。

事业、爱情、学业都出了问题，小欣心里的痛苦可想而知。平时，小欣就是个低调、内敛的人，她个人很不喜欢一会儿兴高采烈、一会儿痛哭流涕的做法，觉得成熟的人就应该稳重、不张扬、不随便表露情绪。所以，面对这样的困境，她谁都没说，什么都没做，只是自己默默地承受着。

终于有一天，她实在是太压抑了，就一个人到江边散步，可江边的美景并未能驱散她心里的痛苦。回到宿舍，刚推开门，她就忍不住躲在厕所里大哭了起来。她的室友连忙跑过来，把她拖在怀里，说："我就知道你这些天心情不好，问你你还说没事，心情不好为什么不能和我们说说呢？"

生活中，很多人都会这样，有了情绪憋在心里，就算别人问："你怎么了，情绪不好吗？"你仍然极力否认："哪里？没有呀？"直到有一天实在无法承受，濒临崩溃。我们不但这样要求自己，也常常这样教育孩子："闭嘴！不准哭！"尤其是对男孩子："羞不羞啊，一个男孩子，动不动就哭。"如此一来，孩子们从小就有了错误的认识：生气时不能发脾气，伤心难过时不能哭，这些都是不对的。

实际上，情绪的产生是一个自然现象，它不受人们意愿的控制，即便你主观上否定、压制自己的情绪，客观上它仍然存在。即便有人妄图使用权威压制他人的情绪，情绪也只能暂时被收起来，但不会就此消失。例如，孩子迫于父母的威严压制住自己的哭声，但他内心的难过却不会因此而化解。因此，我们必须放弃那些妄图压制和消灭情绪的言行，承认和接纳自己及他人的情绪。

想要成为情绪的主人，就不能和情绪拗着来。负面情绪犹如一只发怒的小狗，要想让它安静下来，最好的办法是轻抚它，而不是强制性地按住它，那样它很可能会反咬你一口。情绪也是这样，你越跟它较劲，就会越烦恼，甚至给自己带来更大的伤害。承认和接纳负面情绪，再以恰当的方式疏解，这才是转换情绪的正确步骤。

为了更好地接纳情绪，我们还必须补充以下几点对情绪的认知：

1. 避免陷入两极论

任何事情都不能陷入两极论，对情绪的看法也是如此。好情绪当然对我们有很积极的作用，但如果不加控制地肆意享受，也会给我们带来负面作用。比如，取得成绩后感到高兴，但高兴之余还需有一份冷静，否则就会陷入自满的情绪当中。还是那句话，情绪并无好坏之分，关键在于我们怎么对待它、利用它。

2. 时间会让一切情绪成为过去

情绪无需刻意消灭，无论是正面情绪还是负面情绪，都只是我们身心的“过客”。有一句话说“时间会治疗我们内心的一切伤口”，只要我们不对那些令我们不愉快的人和事耿耿于怀、念念不忘，所有的负面情绪都会随着时间的流逝而逐渐消逝。

3. 情绪是可以控制的

情绪无法压制和消灭，有人就认为情绪是不受控制的。这样非此即彼的观点当然是不正确的。我们都面临过突如其来的情绪，或许也曾陷入其中而无法自拔。但仔细想想，我们真的无法自拔吗？事实上，不管当时的情绪有多糟糕，我们总有一丝意识是清醒的，这一丝清醒提醒我们：不要被负面情绪完全俘虏。即便我们无法自拔、沉沦其中，身边也总有亲朋提醒着我们，让我们不至于在负面情绪中泥足深陷。

因此，情绪不是不受控制的，而是你尚不懂得如何控制。当你学会了更多控制情绪的方法时就会发现，情绪不但可以被控制，还有着积极的作用和能量。

第二章 ／ 了解自己的情绪从何而来

产生负面情绪，就不停地埋怨带给我们烦恼的事物，这种面对情绪的态度是极其错误的。之所以会有这样的错误态度，是因为我们不了解自己的情绪是由什么原因造成的。不了解自己的情绪从何而来，不懂得反省错误的认知，这样的人何谈转化负面情绪？

情绪来自生活中的大事小情

生活中的大事小情都可以引起我们的情绪波动，它包括：

1. 生活中的重要事件和大的变动

生活中的重要事件和大的变动是引发情绪的主要来源。这些事件一般都比较难处理，所以会使我们产生较大的情绪波动。比如，突然中奖、更换房车、升职加薪等，这些事件会造成日常生活的重大变动，使我们必须面对新的生活需求以及新的环境要求，当然会产生大的情绪波动。此外，亲人的突然亡故、夫妻离异、牢狱之灾、个人生病或者受伤、失业、退休等，也属于此类事件。

2. 突发灾难

地震、火灾、水灾等重大突发灾难，对遭遇灾难者、现场目击者、救援者、受害者的亲友及从传播媒体获知信息的人来说，都会带来不小的情绪冲击。

3. 长期的社会问题

很多长期性的社会问题都会成为我们情绪变动的来源，例如快节奏的生活、过度拥挤的空间、不稳定的生活状态、不安全的食品、环境污染等。这些问题导致了人们心理上的问题，引起了人们的情绪波动。

4. 生活中琐碎的小事

小灵今天晚上可谓祸不单行：出去吃饭时，一脚踢在一块石头上，脚趾头生疼；来到饭店吃饭，想喝口汤，谁知勺子掉进碗里去了，好不容易把油乎乎的勺子拿出来，端起碗来想喝一口，却洒了一裤子的汤汁，这下子吃饭的心情全没了，只想赶快回去换裤子；走到家门口，却发现钥匙忘在家里了，家里没人，她只好给妈妈打电话。

大冬天的晚上，小灵穿着湿漉漉的裤子蹲在门口瑟瑟发抖，心里想：“我今天怎么这么倒霉？好想发火啊！”

看看小灵的遭遇，我们就知道，负面情绪其实更多地来自生活中很琐碎的小事。别小看这些小事，一旦这些“倒霉”的小事累积起来，就会让人的情绪处于崩溃的边缘。我们每天都不可避免地遇到各种各样的小挫折，只有及时疏导，才能避免被琐碎小事绊住手脚。

负面情绪来自对事物的不合理认知

有一位女作家，人到中年尚单身一人。她常常四处漂泊，寻找写作的灵感。正是这种生活的积累，让她的文章富有独特的味道。

有一次，她到村庄里一户农民夫妇家里借宿。女主人在得知她的情况后，同情地说："一个女人没有家庭，没有丈夫和孩子，一个人这样来来去去，太可怜了！"

女作家诧异地说："可怜？不，我从不觉得自己可怜。我做着自己喜欢的事，过着自己想过的生活，活得既自由又充实，我很幸福！"

对于同样的状况，农妇觉得可怜，女作家觉得幸福。之所以会有两种截然不同的感受，是因为她们对事物的感知不同。正如观看同一部电影，有人会深陷其中，几欲泪下；有人会觉得做作煽情，无聊至极。客观现实是无法同时满足所有人的主观需求的，人们之所以会对相同的事物有不同的情绪，就在于主观上对事物有不同的认知。所以，解决情绪问题的方式不应该是"折腾"情绪，而应该是纠正对事物的不合理认知。

我们会发现，生活中，很多人不去寻找产生情绪的缘由，而是和情绪"较劲"，这样非但舒缓不了自己的情绪，反而会令情绪更加糟糕。

小李和小王共同负责一项工作，但由于种种原因，到下班时两人还没完成。领导要求他们两个留下来加班，把工作做完。小王没有任何怨言，老老实实地继续工作。小李却不愿意，对小王说："哎，有没有搞错啊，叫我们加班，我们已经下班了。”

小王淡淡地说：“是到了下班的时间，但我们的工作没做完，留下来加班是应该的。”

“什么应该，不能明天再做吗？”

“既然领导让我们加班，肯定是着急让我们做完，不能等到明天。”小王耐心地劝他。

但小李依然有情绪：“我朋友还等着我去玩呢！”

“赶快干吧，有发牢骚的工夫，都干完了。”

小李没有别的办法，只好坐下来继续工作，但人是坐下来了，却明显不在状态——干一会儿，叹口气；写一会儿，站起来转两圈，还不停地看表，嘴里不时地念叨着“烦死了，烦死了。”

小王和小李对加班有不同的认知，进而产生了不同的情绪，由此导致不同的工作态度和工作效率。谁会喜欢加班呢？“我不喜欢加班”这个认知并不是不合理的。如果你的工作完成得很好，领导还要你加班，或者不止一次要求你加班，那么“我不想加班”的认知是合理的。但如果因为你的工作没做好，领导才让你加班，那么“我不想加班”这个想法显然就是不合理的。

所以，认知是否合理并没有一个严格的定义和界限，而是要结合具体情境而定。但有一点是可以确定的，所谓“合理”是指合乎事理和道理，而不是合乎个人的主观感受。因为作为一种主观意识，人的感受是随意的、变化的，会因为自己开脱而缺乏理性和客观性。

生活中，很多人存在认知误区。他们渴望客观现实能够主动迎合主观需求，进而深陷负面情绪的怪圈。对于这一点，还有两个方面需做详细说明：

1. 客观事物不会伤害我们，伤害我们的是对事物的不合理认知

负面情绪会给我们的身心带来伤害，而负面情绪产生的原因是对事物不合理的认知，由此可以得出，伤害我们的是对事情的不合理认知，而不是事情本身。事情并不会改变自身去迎合你的主观感受，你必须改变自己对事情的不合理认知，如此才能让负面情绪得到转化。

转变不合理认知，可以从接受并寻找事件的积极面开始。例如，“虽然加班让我不能那么快回家，但能让我把未做完的工作做完，减轻了工作压力和心理负担”。当你这么想的时候，就能由不想加班变为积极主动地加班，情绪自然也就好了。

2. 不要对不合理认知执迷不悟

很多情况下，我们之所以不能改变自己的不合理认知，是因为不知道自己的认知是不合理的。特别是一些自以为是的人，总认为自己的看法是正确的，他人的看法是错误的，或者对自己的一些错误的人生观和价值观不自知，这样的人当然很容易产生负面情绪。

例如，失去了升职的机会，不觉得是自己的能力不够，却认为是同事采取了不正当的竞争手段，或者领导故意给自己穿小鞋，进而陷入对领导和同事的怨恨情绪中。经他人提醒之后，依然对自己的看法执迷不悟。这种情况下，只有多和他人交流、沟通，意识到自己的不合理认知，负面情绪才能离你而去。

人们常见的不合理认知有哪些

负面情绪来自对事物的不合理认知，那么不合理的认知又是如何产生的呢？这跟我们的经历、受到的教育、成长的环境等有关。这些因素的综合作用易造成绝对化、偏执、极端等不健康心理以及不正确的人生观、价值观，并由此产生许多负面情绪。

志强从小家境贫寒，虽然他学习上很努力，考上了大学，但因为家境不好、见世面少，他不仅在穿衣打扮方面比较土气，性格也较为怯懦。

有一次，他喜欢上了班里的一个女孩，向对方表达了好感，但这个女孩已经有男朋友了，就拒绝了他。他愤愤不平地说："为什么这么快就拒绝我？为什么不让我和他公平竞争？"他对女孩的态度也由喜欢变为怨恨。后来，他听说女孩的男友家境富裕，心里更不平衡了，由此怨恨自己的出身，觉得周围的人都看不起他。

工作以后，他确实很努力，希望能快速升职加薪，却在最近的一次职位竞争中败下阵来。对此，他又发起了牢骚："凭什么我兢兢业业努力工作，升职加薪的却不是我！"他总觉得老天对自己不公平，事事都不让自己如愿，他恨命运的不公，恨他人的不公。在这种痛苦情绪的影响下，他不再努力生活，开始自暴自弃，破罐子破摔。

志强为什么总是抱怨，生活得那么痛苦？因为他陷入了"我努力就必须得到，这才是公平"的错误认知中。我们都知道，这世界上没有绝对的公平，总是抱怨世界不公的人，必然会陷入对世界强烈不满的负面情绪中。

我们不应像志强那样，因为自己的错误认知而掉入负面情绪的深渊。想要改变不合理认知，先要知道哪些想法是错误的。一般来说，人们的不合理认知分为以下四类。

1. 绝对化认知

生活中，有一些人喜欢这样要求自己："这事要么不做，要做就做最好！""这次考试，要么不参加，参加就要拿第一！"他们对事物的看法非黑即白，没有中间地带。这种极端的态度就是绝对化认知的表现。一旦形成这样的认知，他们就会以这样的标准要求自己和他人。一旦结果不如所愿，他们就会因无法接受结果、不能原谅自己而产生失望、难过、痛苦等负面情绪。

2. 以偏概全、过度归纳的认知

一件事发生了一次，就会认为以后次次都是这样，进而产生放弃的心理。这也是生活中一种常见的现象。例如，一个男孩子鼓足勇气追求一个女孩，女孩拒绝了他，男孩就产生了这样的心理："我以后再也不主动追求女孩子了，所有的女孩都看不起我。"再如，有人开车遇到了堵车，心情非常不爽，于是发出这样的牢骚："这个世界真是糟透了！"

因为一次失败或不顺利，就对自己或世界下了绝对的定义，完全否定自己和整个世界，由此产生深度的挫败感和糟糕的负面情绪，这就是由以偏概全、过度归纳的认知造成的。

3. 喜欢贴绝对化标签

有的人会认为："我天生就是一个失败的人，这辈子都改变不了。"有些人在数落别人时喜欢给对方贴标签："你这个人真是一无是处，一辈子也不会有出息！"看不到自己和他人的优点，反倒把缺点夸大化、绝对化，这种认知必然会让自己和他人情绪低落，失去继续努力的动力和改正错误的积极性。

4. 以“应该论”看待人和事

许多人的情绪都被“应该论”操纵。例如，“我这么爱你，掏心挖肺地对你，你就应该同等程度地爱我！”殊不知，不是所有付出都一定有收获，不是所有努力都能获得相应的回报。抱着“应该论”看待人和事的人，会觉得他人或这个世界都对不起自己，会委屈、不满、抱怨，极易陷入负面情绪中。

负面情绪来自不健康的心态

除了不合理的认知外，不健康的心态也能使情绪变得糟糕。因为不健康的心态会产生不好的心境，会影响自己对事物的判断和认知，进而左右自己的心情。

有个女孩子各方面都很优秀，就是有点“疑心病”。

一次，她在办公室里发现几位同事躲在一边说话，心里便想：“干嘛躲着我，难道是在说我的坏话？”这个念头几天内一直在她的脑中挥之不去，甚至影响到她正常的工作。

课堂上，有一位同学趴在桌子上睡着了，她心里又不舒服了：“他睡觉，肯定是嫌我的课讲得不好！”她为此又难过了好几天，不停地反思自己的课哪里讲得不好。

心情正郁闷呢，突然想起来男朋友好几天都没给自己打电话了，她又闹心了："看来，他根本就不爱我，原来说的话都是骗我的。"这样一想，她的心情更低落了，无法专注工作，吃饭也没了胃口，晚上躺在床上独自哀伤，无法入眠。

故事里的主人公有强烈的"疑心病"，这就是一种非常不健康的心态。怀有此种心态的人总是怀疑别人的言行是对自己不利的，他们喜欢怀疑一切莫须有的事情，却不主动求证事实的真相，只是独自胡乱猜测、胡思乱想，因此导致自己处于忧郁的情绪中。

由此可见，不健康的心态直接导致了我们不好的情绪，想要改善情绪，我们必须先尝试改变自己的不健康心态。那么，造成负面情绪的不健康心态主要有哪些呢？

1. 反复咀嚼令自己不快的人和事

有一些人喜欢沉浸在回忆里，反复回味令自己忧伤的过往。别人一句不太中听的话，他们会反复地琢磨："他这么说是什么意思？难道是看不起我？"时不时地回忆令自己不快的人和事，会使人长期处于不快乐的情绪中。与其说不快乐的情绪常常光顾他们，不如说是他们揪住不快乐的情绪不放。

2. 对未发生的事做悲观预测

你是否也曾有过这样的时候：第二天要考试了，你不仅没有信心，反而会想："我肯定考不好，上大学是没有希望了，将来也不可能有一份满意的工作，我这辈子算是完了。"

只是一次考试，却由此联想到未来的工作、一辈子的前途，这显然是毫无依据的悲观预测。带着这样的想法，怎么可能积极地完成考试，面对接下来的生活呢？更糟糕的是，假如你对这一预测深信不疑，并以此作为自己不再努力奋斗的借口，那么不仅容易陷入悲观绝望的负面情绪中，还可能真的一事无成了。

3. 过于敏感

敏感不是缺点，但过于敏感就是缺点了，特别是在与人交往的时候。这方面有一个代表人物，就是《红楼梦》中的林黛玉。贾宝玉随便说的一句话，她都要琢磨半天，并费尽心思地猜测对方话里的“潜台词”；受到丫鬟恶语相激，就联想到自己身世可怜，连丫鬟都来欺负自己；看到落花，又触景生情，于是产生更加失落、悲伤的情绪。

过于敏感的人通常伴有“疑心病”，他们的心思过于细腻，过于重视细节，因此放大了自己的负面感受，极易悲伤和落寞。

4. 把他人的错误归结到自己身上

女儿离婚了，母亲却哭着说:“都怪妈妈，当初不该同意你嫁给他。”下属犯了错误，领导一个劲儿地道歉:“对不起，都是我的错，我没把工作安排好。”明明是老公不争气、不上进，还对自己乱发脾气，妻子却责怪自己:“都怨我，给你的压力太大了。”这类人的负罪感很深，他们喜欢自责，更喜欢乱揽责任。他们这样做，不仅会把自己的情绪弄得很糟，也不利于问题的解决。

5. 自我激励变成自我强迫

为了鼓励自己取得成绩、渡过难关，我们都会自我激励:“这次任务我必须完成！”“这个星期我必须把这个做完！”“这个女孩我必须追到！”但是，由于能力或时间等原因，有些任务我们的确无法完成。这时，领导会说:“没关系，你已经尽力了。”但你却不放过自己:“不行，我必须完成！”对方拒绝了你，你却发誓:“不管你拒绝我多少次，不管付出什么代价，我都不会放弃追求你。”

明明无望的事情，却强迫自己必须做到，这不是坚持，而是偏执，是自我强迫。怀着这种心态的人不仅无法获得快乐，而且会给他人带来麻烦和困扰。

6. 过度依赖他人

有些父母过度依赖孩子，一旦孩子离开自己的生活范围，就陷入无尽的思念和失落的情绪中；有些人过度依赖异性，一旦分手或离异，就陷入绝望和痛苦的情绪中无法自拔；还有些人依赖同事和工作伙伴，一旦他们离开，就手足无措、紧张慌乱，无法独自完成任务。过度依赖他人的心态，使他们像婴儿一样，一旦失去他人，就变得恐惧不安。显然，这是非常不利于生活和工作的。

除此之外，不健康的心态还包括完美主义、自闭、自卑等。当你发现自己正被负面情绪困扰时，不妨先排查一下负面情绪的来源——是不合理的认知还是不健康的心态，追根溯源，才能从根本上转化负面情绪。

负面情绪是会传染的

早上，来上班的同事们脸上都挂着微笑，互相打着招呼，快乐的问候声此起彼伏。这时，进来最后一位同事，脸拉得长长的，嘴里嚷着："真烦！"然后，使劲一拉凳子，往位置上一坐，也不理身边的人。于是，办公室刚刚酝酿起来的一团和气似乎一下子碰上了冷空气，瞬间凝成乌云。刚刚还快乐无比的同事们情绪立刻低落下来，他们停止了说笑，各自坐回自己的位置，开始埋头工作。

这些无辜同事的负面情绪是怎么来的？很明显，是被最后进来的那位同事传染的。负面情绪就像病毒一样，是会互相"传染"的。如果在一群人当中，有一个人怒气冲冲、闷闷不乐，那么其他人也会“一人向隅，举座不欢”。

一个老板因为心情很不好，在办公室里朝自己的一名员工发脾气，责怪他工作不努力。这位员工被错怪，憋了一肚子火，却没地方发泄。他闷闷不乐地回到家，饭菜刚好端上桌，他尝了一口就大声斥责妻子做的饭太难吃。妻子感到莫名其妙，心里想:“平时都是这么做的，你也没说难吃。”

这时，刚好儿子回来了，委屈的妻子没好气地斥责儿子:“为什么回来得这么晚?”其实，儿子回来的时间跟平时一样。儿子被冤枉了，心里很不舒服，出门看到别人家的小狗在叫，狠狠地踢了小狗一脚。妻子很生气，想指责儿子，可孩子已经跑远。于是，她便把气撒在丈夫身上，结果，两人大吵了一架。

妻子是个教师，第二天，她还没有缓过来，就把班里的两个学生训了一顿。两个孩子挨了骂，心情很不好，路过报刊亭，哗啦哗啦地大声翻杂志。卖报刊的老板娘制止他们，两个学生不但不听，反而使劲把刊物摔在摊子上。卖报刊的老板娘揪住学生不依不饶、大吵大闹，引得众人围观，好不热闹……

在这个故事里，除了老板，每个人的情绪都是被他人传染的。一个人的负面情绪竟然被扩大了十几倍，可见负面情绪的传染性是巨大的。在生活和工作中，我们的负面情绪也会这样直接影响或是波及家人、朋友和同事，极有可能造成一系列连锁反应。这就像将一颗小石头扔进平静的湖面，涟漪一波一波地扩散开来。

一个热情开朗的人整日同一个愁眉苦脸、抑郁难解的人相处，不久也会变得沮丧起来。一个人的敏感性和同情心越强，就越容易感染上负面情绪，这种传染过程是在不知不觉中完成的。美国一位心理学教授的研究证明，只要 20 分钟，一个人就会被他人的负面情绪传染。为了避免受到他人负面情绪的传染，让负面情绪到自己这里“戛然而止”，我们可以参考以下几点建议。

1. 远离负面情绪“传染源”

当我们发现身边有情绪不好的人，而自己又无力改善对方的情绪时，可以选择暂时离开的处理方式。现代心理学告诉人们，在两个时间段，人的情绪容易被传染：一是早晨就餐前，二是晚上就寝前。所以，尤其是在这两个时间段，如果发现身边有情绪不好的人，应尽快离开他们，避免情绪受到传染。

2. 理解并接受对方的情绪

当我们看到身边的人有了负面情绪时，不要轻易责怪，也不要觉得：“我又没有得罪你，干嘛无缘无故地冲我发火？”你可以试着理解对方：“他的情绪很可能也是被他人传染的，他也是受害者；为什么他的情绪这么坏，究竟发生了什么事？”然后，从心里接受对方的情绪：“他心情不好，并不是针对我，适当发泄对他来说是好事。”

学会理解对方，自己的心态会更加平和，进而不再容易被对方的负面情绪牵着鼻子走。坦然地接受对方的负面情绪，自己的内心就不会暴躁，负面情绪自然也不会那么容易传染到我们身上了。

3. 引导对方说出他的情绪来源

要让对方的负面情绪不再传染给他人，我们还需引导对方说出他的情绪来源，尽量分担对方的负面情绪，帮助对方走出负面情绪的困扰。通常，我们可以先引导对方说出他的感受：“什么事情让你这么生气？能和我说说吗？”这时，我们要有同理心，站在对方的立场，肯定对方的感受:“如果我是你，我也会生气的。”然后，再去安抚对方的情绪:“别生气了，生气于事无补，不如我们一起来想想怎么解决这件事。”最后，再和对方讨论事情的解决办法。

一旦你帮对方解决了情绪困扰，他的负面情绪不但不会传染给你，也不会再传染给他人。这样，这个负面情绪的传染源就消失了。

职场人的压力来自哪里

几年前，网络上有一段视频广为传播:

在香港的一辆公交巴士上，一位阿叔在打电话，坐在他后面的一位男青年嫌其嗓门太大，便轻拍了一下他的肩膀，示意他小点声。

没想到，这个小小的动作竟惹得这位阿叔暴跳如雷:“你为什么拍我肩膀？我在讲电话。你有压力，我也有压力，你为什么要挑衅我？”

男青年一头雾水:“你想我怎样？”

阿叔:“我想你怎样？你跟我道歉！”

男青年:“哦，不好意思。”

阿叔:“为什么不好意思？是我对还是你对？今天必须解决问题！”

男青年:“问题已经解决了。”

阿叔:“未解决！”

男青年:“解决了。”

阿叔:“ 未解决！！”

虽然男青年一再忍耐，但这位阿叔还是不断地痛斥、奚落和辱骂。

这段视频随后被网友争相传播，尤其是“巴士阿叔”的那两句话——

"你有压力，我也有压力""未解决"——更是引起网友们强烈的共鸣和热烈的讨论，它折射出现代人生活中真实的一面：早上的公车上，超市长长的付款队伍中，汽车你剐我蹭的公路上，都会听到类似的争论和吵骂声。"巴士阿叔"正是用他强悍的语言来掩饰内心的脆弱和不安。经记者调查，"巴士阿叔"正处于失业中，当时在公车上，他正在和心理咨询师通电话。

其实，在职场人士的内心深处，自己何尝不是"巴士阿叔"，何尝不是每天都面对着繁重的压力和一大堆未解决的问题。在高速运转的时代，职场人的内心都有一个声音在催促自己："快点，快点，再快点！"否则，你就会失去机遇，就会落于人后。不管你是领导还是打工仔，无论你是高薪还是低酬，在压力面前无一幸免。除了物质生存上的"未解决"，还有情感、心理上的"未解决"……"未解决"就如空气一样，令人无法逃避。人们的情绪就像一个易拉罐，只要谁在不当的时候"拍一下我们的肩头"，这个易拉罐就会立刻引爆。

那么，职场人这种易燃易爆的情绪究竟来自哪里？我们一起来看一看：

1. 生存危机

生存危机是职场人面对的最大压力。毕业了，能不能找到工作；工作了，能不能有好的发展；能力优秀者忧虑能不能得到提升，能力普通者担心会不会被"炒鱿鱼"；所有人都会担心自己的晚年生活没有保障。

中国人的"生存危机意识"是排在世界前列的，生存危机迫使我们不停地考证、充电、加班、应酬，唯恐不这样做就会被淘汰。在这样的高压下，每个人的情绪随时都会"崩盘"。

2. 未解决的问题

职场人每天都有无数问题亟待解决。工作待遇低、不稳定，想换个新工作却还没找到；房价还在看涨，手中的存款永远赶不上房价上涨的速度；年龄越来越大，依然没有合适的结婚对象；家人重病，手术费还没凑齐；孩子的学习成绩一天不如一天，令人头疼。这些未解决的大问题压得人喘不过气来。

除了这些大问题，还有诸多未解决的小问题令人烦恼：这个月没有完成公司下达的任务目标；和同事有了点摩擦，矛盾还没解决；答应陪妻子和孩子一起出去旅游，还没兑现承诺；网上下了一部好看的电影，还没时间看；一大盆脏衣服，都没时间洗……

所有这些未解决的大问题和小问题累积起来，令我们的心灵不堪重负，怎么可能没有压力和情绪？

3. 对压力没有合理的认知及解决的办法

诸多压力和未解决的问题使职场人的情绪时时处于崩溃的“临界点”，但我们的情绪只是来自这些问题本身吗？当然没有这么简单！压力人人都有，有人能够平和以对，有人却暴躁非常，这其中的区别就在于能否合理认知压力，并找到解决的方法。

例如，对工作不满意，一时又找不到新工作，与其烦恼忧虑，不如好好审视自己的能力，给自己重新定位，安下心来，做好现在的工作，厚积薄发，等待机会；好久没有陪伴家人，与其内心愧疚，不如这个周末彻底放下手头的工作，把时间留给爱人和孩子。

改变原有不合理的认知，及时付出行动改变令你情绪不好的事情，你心中的乌云才能散去，舒适的微风才会慢慢吹来。

第三章 ／ 如何以恰当的方式表达情绪

有了负面情绪怎么办？藏在心里，还是大哭大闹？有了负面情绪，却用了不恰当的方式表达，这只会让你的情绪更加糟糕。学会用恰当的方式表达情绪，才能让他人接受你的情绪，同时让你的情绪得到合理转化。

你会正确对待自己的情绪吗

有情绪不是什么大事，但情绪若是反应过度，便是需要引起重视的大事了。尤其是在人生的关键时刻，过度的负面情绪会如洪水一般，顷刻将我们吞噬。

1965年9月7日，世界台球冠军争夺赛正在美国纽约举行。路易斯·福克斯对赢得比赛非常有信心，他已经大比分胜过对手，余下的比赛只要他没有大的失误，便可顺利登上冠军宝座。此时，他非常轻松，甚至有些得意。

然而，正当他准备击球时，一只苍蝇落在了主球上。路易斯没有在意，挥挥手赶走了那只苍蝇，可正当他俯下身准备击球时，那只可恶的苍蝇又飞回来落在了主球上。见此，观众席上发出了笑声。路易斯皱了皱眉，没办法，他又挥挥手赶跑了苍蝇。

当路易斯第三次俯下身准备击球时，这只苍蝇好像故意要和他作对似的，又落在了主球上。这个情景惹得现场的观众笑得前仰后合。然而，此时路易斯的情绪已经恶劣到极点，他再也无法控制，愤怒地用球杆击打苍蝇，结果一不小心，球杆碰动了主球，裁判判他击球，他因此失去了一轮进攻的机会。

他的对手约翰·迪瑞抓住了这一机会，连连得分。而路易斯在极度愤怒和挫败的情绪下接连失利，最终输掉了比赛。输掉比赛的路易斯沮丧地离开了赛场。第二天早上，有人在河里发现了他的尸体，他投水自杀了。

一只小小的苍蝇击败了一个世界冠军，一场失败的比赛让路易斯轻易地结束了自己的生命。这不仅令人扼腕长叹，更令人震惊深思。所以，我们在专业领域努力奋斗的同时，更要注重对情绪的把控。摧毁一个人的往往不是失败，而是不能从容面对失败的心态。就像路易斯一样，他没有以正确的态度对待情绪源——那只调皮的苍蝇，也没有以合理的方式疏导自己的情绪，结果酿成不可挽回的结局。

现如今，人们常被各种各样的问题困扰——人际关系的矛盾、对前途的担忧、事业的压力……这些问题带来了诸多不良情绪，妨碍着人们正常的学习、工作和生活，倘若不能恰当应对，生活将困难重重。

小涵是公司的骨干，工作的压力和生活的重担常常让她喘不过气来，而她却不知道该如何宣泄。她常听到一些男人在拳击馆里怒吼，可是这样的方式不适合她这样的女孩子。所以，她有了不快，只能向别人倾诉。向朋友们倒苦水，可朋友们都很忙，她不能常常打扰他们；向男朋友倾诉，两个人没说两句就吵了起来，显然，同龄的男友对事物还没有特别成熟的判断；对父母，她又怕老人家为她操心，常常报喜不报忧。于是，小涵有了苦闷只能憋在心里，任由坏情绪持续下去。她觉得，好多人都有压力、情绪，还不是和她一样就这么生活着。

人的心灵有时就像波涛翻滚的大海，通过正确的疏导和宣泄才能始终保持平静。像小涵这样，有了烦恼和苦闷，却不想办法解决，任由负面情绪侵蚀自己，终有一日会积压成疾，造成更大的损伤。除了小涵这种不作为的方式外，以下对待情绪的方式也是不正确的。

1. 怨天尤人：有些人在情绪不好的时候，总想着抱怨，把责任推给他人，这种找“出气筒”或“替罪羊”处理情绪的方式显然是不正确的。

2. 压制自己的情绪：有些人会用意志力刻意压制自己的情绪，甚至不承认自己的情绪，这也是很不科学的，就像气球憋久了会爆炸一样，压制自己的情绪早晚也会发生更大的“爆炸”。

3. 放任自己的情绪：有些人则不分对象地肆意发泄自己的情绪，这样做将导致行动与情绪的消极互动，即消极的情绪引发消极的行为，消极的行为又强化了消极的情绪。

4. 不停地后悔和自责：这类人有了负面情绪后会不停地自责：“如果我当初不这样做，就不会到今天这种地步。”不停地自责、不原谅自己，除了让情绪更加恶劣外，于事无补。

其实，人有点情绪真的没有那么可怕。心理学家认为，人远非想象的那样脆弱，有一点情绪，即便是负面情绪，人们也能轻松地克服。不要因为今天哭了，就认为自己不够坚强，怕他人嘲笑自己；也不要因为今天发了脾气，就有负疚感，不停地自责。情绪其实就像吃饭穿衣一样，是再平常不过的事。只有不把情绪视为负担，才能坦然以对。有了情绪，也不必藏着掖着，该表达就表达。恰当地表达情绪，不仅自身的压力得到缓解，与他人的心理距离也会更近。

表达情绪要考虑到后果

每个人都有情绪，但有的人的情绪我们可以接受，有的人的情绪却会引起我们的反感和排斥，这其中的区别就在于表达情绪的方式是否妥当。表达情绪若没有合适的方法，不但不会被对方接受，还会激起对方更坏的情绪，如此一来，自己的情绪非但不能得到转化，事情也会变得更加糟糕。所以，表达情绪时不仅要自己“痛快”，更要考虑到后果。

有一个指挥家对工作较真到了挑剔的程度，他的脾气不怎么好，经常会为了一点点小事而暴跳如雷。有一次，他气得差点把乐谱撕了。

那次，他指挥乐团演奏一位意大利作曲家的新作，乐队已经演奏得很好，但有个段落还存在一处小瑕疵。他指挥乐队一遍一遍地演奏，可这个小瑕疵始终杜绝不了。指挥家终于忍无可忍，气得满脸通红，对着乐手们破口大骂，拿起乐谱就要撕。

乐手们惊呆了，因为这是全国唯一一份总谱，假如被撕毁了，就再也无法演奏了。大家紧紧盯着指挥家的手，只见他举起的手又缓缓地放下了。他把乐谱重新放回谱架，继续指责痛骂乐手们。而乐手们悬着的心也终于放下来了。

培根说：“无论你怎样愤怒，都不要做出任何无法挽回的事来。”这说明表达情绪应该有一个原则和底线，那就是无损发泄，即在情绪爆发时，迅速对所处情境做出正确的判断，并选择一种无害于自己和他人，并有助于解决问题的表达方法。

表达情绪的目的，一是为了解决引发情绪的事件，二是为了向他人传达自己的情绪，希望得到对方的认同、理解或鼓励。所以，任何表达情绪的方法都要遵循情绪表达的原则和目的，只有这样，表达情绪才能获得良好的效果。

那么，在表达情绪时，怎样做才是恰当的呢?

1. 表达情绪应该适度

做任何事情都应该有度，所谓表达情绪的原则和底线，其实指的就是表达情绪的“度”。无论采用什么方式方法表达情绪，哪怕是表达正面的情绪，也要注意尺度和分寸。

比如，与人发生矛盾时，你心里会委屈，会想找对方大吵一架或哭泣，但大发雷霆、哭泣吵闹、乱摔东西于解决问题而言毫无益处，甚至会让你从有理的一方变成无理的一方。与其无用地发泄情绪，不如清晰地表达你的态度:“我是生气的”“你这样做就是不合理的”“你要怎样弥补我的损失”。

2. 表达情绪的口气要平和、措辞要合理

表达情绪要尽量口气平和、措辞合理。也许你会觉得:“这我可做不到，有情绪时谁能说话好听!”当然，情绪激动时，言辞难免激烈。但是，如果你表达情绪的目的不是为了伤害对方，也不是为了发泄，而是为了和对方有效沟通，解决问题，你就必须收敛自己的态度，改变自己的说话方式。

3. 杜绝使用语言暴力表达情绪

“这么简单的事情都做不好，你活着还有什么用!”

“像你这种一无是处的人，说出来的话我是不会在乎的。”

“你看看隔壁家的 ××，再看看你，人家怎么什么都能做得好。”

……

很多人在表达情绪时，会不由自主地把自己变成一只刺猬，以攻击他人的方式来发泄自己的情绪，这其中最常使用的就是语言暴力。所谓语言暴力，是指用谩骂、诋毁、蔑视、嘲笑等侮辱性的语言，践踏他人的自尊，致使他人在精神和心理上受到伤害。人们在使用语言暴力时常常会为了泄愤而夸大其词，对说出口的内容不假思索，结果对他人及双方的关系造成不可挽回的伤害。使用语言暴力，在伤害他人的同时也会伤害自己。每个人都要对自己说出口的话负责，切莫因一时的痛快而酿成一辈子的痛苦。

4. 杜绝使用冷暴力表达情绪

有些人在表达情绪时习惯用沉默对抗，他们用冷脸和漠视告知对方自己的情绪，或者干脆以拒绝沟通的方式对矛盾进行冷处理。比起语言暴力，冷暴力造成的伤害可谓有过之而无不及。表达情绪者将问题无限搁置，这样人与人之间的矛盾就会始终存在，冷漠的零沟通氛围会使双方的关系愈发僵化。所以，于人于己，冷暴力式沟通都是有害无益的。

5. 杜绝用武力表达情绪

用武力表达情绪，也许你的情绪得到一时的宣泄，但付出的代价是巨大的。用武力表达情绪是与无损表达原则相违背的，对于解决问题毫无益处。表达情绪不能伤害他人，这条底线无论何时都不能打破。

表达情绪要避免情绪化

有情绪就要表达，但这绝不是鼓励人情绪化。什么是情绪化？就是容易因一些微不足道的小事而产生情绪波动，言行不理智，行为冲动，情绪忽好忽坏，极其不稳定。我们常常形容情绪化的人喜怒无常，难以捉摸。

有一对夫妻，丈夫很疼爱自己的妻子，知道妻子经常为一些家庭琐事烦心，就想带她出去旅游散心。妻子知道后连忙说："不去不去，还要花钱。"可是她又想到丈夫也是为了自己好，于是纠结两天后告诉丈夫："还是去吧。"丈夫着手准备了，妻子又反悔了："旅游回来又怎么样呢？没解决的问题照样没解决。本来家里的经济就拮据，去旅游还要花那么多钱，玩着也不开心。"于是，她又告诉丈夫："还是别去了。"

妻子的反复弄得丈夫不胜其烦。除此之外，这位女士的"情绪化"也让孩子无所适从，孩子弄不清楚妈妈什么时候开心、什么时候不开心，一不小心就触动了妈妈敏感的神经，受到妈妈的训斥。

如果丈夫和孩子还能够包容和忍让她的情绪化，那她的同事就不同了。因为情绪化，她经常为同事一句无心的话难过、纠结，甚至和同事吵嘴，同事们都觉得她惹不得，不愿意和她多来往。

显然，故事中这位妻子的情绪化已经影响到她的正常生活。那么，为什么一个人会出现情绪不稳定的情况呢？情绪化的人有一个重要特征：他们的言行不是跟着理智走，而是跟着感觉走。他们极容易被情绪左右，只要满足自己需要的刺激一出现，就变得高兴；一旦发现满足不了，就会异常失落。而且，他们一般缺乏独立思考的能力，心理承受能力较弱，容易被外界因素影响，所以非常容易有情绪，且情绪多变。

我们说有的人“动不动就哭”或“一会儿哭，一会儿笑”，正是如此。他们喜欢将一件很小的事情赋予强烈的感情色彩，而且对自己这种表达情绪的方式还不自知。所以，情绪化的人常常让身边的人捉摸不透，别人不知该如何和他们相处，就会渐渐疏远他们。因为情绪化，他们不仅自己过得不快乐，也给他人带来了困扰。为了改变情绪化表达，我们可以从以下几方面做出努力。

1. 理智一点，第一时间安抚自我

我们要理智一点，有什么事先别发火、动怒、伤心，先冷静下来想一想：我为什么要生气或悲伤呢？这件事对我有这么大的影响吗？值得我这么动怒吗？我情绪这么激动有用吗？当你回答完这几个问题之后，情绪就会平复许多。

2. 有主见一点，别总被他人影响

情绪化的人应该学得有主见一点，对事情有自己的判断，并坚持自己的看法：“我有自己的想法，做出这个决定就不会随便改变，他们的看法不会影响我的心情。”当你变得有主见，你的情绪就不会轻易被外界左右，自然就不容易情绪化了。

3. 坚强一点，提高心理承受力

不要因为他人的一句负面评价就觉得自己满身缺点，从而自卑、难过得不行。我们完全可以这么想：“他人的一句负面评语不能抹杀我身上的其他优点，我不会太在意的。”当你有了这样的心理承受力之后，就不会轻易出现失败感、挫败感、失落感等负面情绪，而是多了乐观坚强的正面情绪，情绪化自然就不太容易发生在你身上了。

4. 淡然一点，别太较真

我们要想避免情绪化，还需要淡然一点，要懂得取舍，不要对什么事都过分较真。就像故事中的那位妻子一样，想去旅游就别太在乎金钱；明天的事明天再去烦恼，但今天要快乐。你若天天都能这么想，快乐当然会经常光顾。

5. 转移注意力

转移注意力无疑是在短时间内转换情绪、避免情绪化的好方法。可结合自己的兴趣爱好，选择几项需要静心、细心和耐心的事情去做，如练字、绘画、制作精细的手工艺品等，当你的注意力转移到这些事情上时，自然就无暇去想那些令你不快的小事了。

表达情绪要选择恰当的时机

有时你向别人表达情绪时，对方会这样说：“有什么话以后再说，我正忙着呢！”这时你或许会委屈，或许会勃然大怒：“为什么我找你沟通，你总是找这么多借口呢？”其实，不是对方在找借口，而是你找的时机不对。时机不对，对方自然无法和你好好沟通。所以，表达情绪不但要有适当的方式，还需要选择恰当的时机。

陈奇好几天没回家了，因为他和爸爸吵了一架。他想创业，向爸爸借钱，爸爸非但不借，还把他数落了一顿。陈奇因此和爸爸吵了起来，还从家里跑出来，在同学家住了好几天。

出来的第一天，他本想给爸爸打个电话，再沟通一下借钱的事，同时也向爸爸道个歉，但他忍住了。因为他知道爸爸的脾气不是很好，情绪肯定还没平复，再加上他自己心里也委屈，因此他决定过几天再说。

一星期后，陈奇买了爸爸爱吃的东西回家了。爸爸看了陈奇一眼没说话，他走到爸爸面前说："爸，我回来了。您不生气了吧，都是我的错，我不该那样说话，更不该冲您发脾气，您原谅我吧。"

爸爸依然没说话，但是看得出来，他的情绪还不错。于是，陈奇小心翼翼地说："爸，那借钱的事儿……"

爸爸淡淡地说："存折在你的桌子上。"

陈奇打开存折一看，高兴地一把抱住了爸爸："爸爸，谢谢您！"

爸爸也笑了："你小子，以后不许那样和爸爸说话了。"

陈奇之所以能化解与爸爸之间的矛盾，在于他给了彼此冷静思考的时间和空间。陈奇在思考过后，知道了自己和爸爸说话的方式有问题；而爸爸在思考过后，知道了不管怎么样也得支持儿子的事业。双方在冷静过后，都明白了问题最重要的方面是什么，因此，他们都从各自的情绪中走了出来。

由此可见，选择恰当的时机表达情绪，非常有助于情绪的转化和问题的解决。那么，表达情绪的合理时机有哪些呢？

1. 等彼此都冷静了再表达

当我们和他人出现矛盾时，彼此都在气头上，这个时候如果盲目地向对方表达情绪，说话必定会刻薄、尖锐，容易伤害对方。对方也会不冷静地还击，这样就会激起双方更大的冲突，既不利于彼此情绪的缓解，也不利于问题的解决。因此，不妨等彼此都冷静下来再沟通。在缓和期间，不仅你的情绪会冷静下来，审视事件的角度也会更加客观。

2. 选择合适的场合

比如，你和某位同事之间有了一点摩擦，你心里很不舒服，想和同事谈一下。如果有其他同事在场，很多话可能就不太容易说出口，更别谈深入沟通和交流了；或者对方不愿意让你们之间的事被他人知道，因此根本不会理会你的表达。所以，我们应该把对方约到一个安静的、舒适的、便于交谈的环境，彼此的心境好一点，自然有利于情绪的表达。

3. 等对方有时间的时候再表达

当对方在休息或忙碌的时候，他有时间和耐心听你表达情绪吗？当然没有。你在这个时候表达情绪，肯定会遭到他的厌烦和拒绝。因此，我们不妨等一等，等对方闲下来的时候再说。

4. 等对方有心理准备的时候再表达

等对方有心理准备的时候再表达，这一条很重要。例如，你和女朋友的关系已经非常恶劣，这件事已困扰你许久，你想结束这段关系，但女朋友又是个敏感脆弱的人。这时，你不能只顾着自己表达情绪，还要考虑到对方能不能经受住这个打击，如何才能让对方更好地接受。

你要让事情有个缓冲的时间，让她自己觉察到你们确实走不下去了，从理智上能接受这件事情，再把你的想法告诉她。在表达的时候可以这样说：“我心里有些话想和你谈谈，可以吗？”而不是过于简单粗暴地表达你的情绪。不要为了解除自己的负面情绪，而不管对方的感受如何，那是非常不负责任的做法。

表达情绪应该是相互的

我们在向对方表达情绪时，一定听过对方这样的反应：“哎，你能不能听听我的解释。”“拜托，你让我说句话好不好？”而我们却固执、任性地说：“不，我不想再听你说一句话。”甚至会生气地把对方推到门外。这就表明我们只顾着表达自己的情绪，没给对方表达的机会。

我们不仅要学习如何表达情绪，也要学习如何理解他人的情绪。因为表达情绪不仅仅是为了宣泄，更是为了沟通。所以，表达情绪应该是相互的，我们要给他人表达情绪的机会，并且在对方表达情绪的过程中要善于倾听，站在对方的角度理解他的处境和感受，力求寻找更多的认同感，从而化解矛盾。

小李把工作搞砸了，失去了一个大客户，这让他的老板非常生气。老板对他一顿训斥：“早就跟你说过，这个客户很重要，让你盯紧点，盯紧点，可你怎么做的？你有没有按我说的做？你知不知道失去这个客户，公司的损失有多大？是你再找100个客户也弥补不了的……”

“老板，我……”小李有话要说，却被老板打断了。

“你不用解释，你有什么好解释的！工作没做好就是没做好，不要为自己找借口。以后再犯这样的错误，就连听我训斥的机会都没有了，直接走人！好了，下去吧。”

小李心里非常委屈，可他却没有表达自己委屈的机会，因为他的老板不会沟通，只会泄愤。不给对方表达情绪的机会，只顾发泄自己情绪的人，是无法实现有效沟通的。为了实现双向沟通，我们需要注意以下几点。

1. 不要只是喋喋不休地诉说自己的感受

我们心中有了情绪时，会觉得堵得慌，恨不得一吐为快，尤其是觉得对方不对的时候，我们就会像打机关枪一样，不停地说自己如何生气、委屈或不满，同时指责对方怎么可以这样或那样，完全不给对方说话的机会，甚至有时还会摔门而去，完全不顾对方的感受，这就是只顾自己单向表达的典型表现。

还有一种情况是，有的人在表达情绪时可能没有这么激烈，但他们不停地诉说自己"今天好开心""今天很烦"，完全不顾别人愿不愿意听，这也是一种单向表达。

2. 给对方表达情绪的机会

我们表达完自己的情绪后，要静静地等待对方表达，而不是扬长而去，把对方的情绪憋在他心里。当你剥夺了对方表达的权利，他就没有兴趣再接受你的表达了。所以，我们应该在表达的过程中询问对方"对这个问题你怎么看"或者"说说你的想法"。

在对方表达的时候，我们也不要随意打断对方，更不要说这样武断的话："你不用说了，你说的我都知道，我不想再听。"当对方的情绪表达不顺利的时候，你应该及时进行疏导，比如"你表达的是这个意思吗"，通过这样的问话让对方的情绪准确、持续地表达下去。

3. 表达情绪要力求双方的谅解

为化解矛盾，我们在表达情绪时要力求获得双方的谅解和支持。要明白，表达情绪不是为了让对方知道自己脾气大，也不是为了谴责对方，而是让对方知道事情的严重性，进而及时采取解决的措施，或避免同样的错误再次发生。因此，彼此在表达情绪时都要对事不对人，要力求站在对方的立场考量，尽可能地谅解对方、反省自己，找到让双方满意的解决办法，如此才能真正让彼此的情绪得到转化。

学会有效地表达自己的情绪

表达情绪的方式有很多，有些方式既能让对方快速接纳我们的情绪，又能解决问题，比如下面这个故事里的主人公所采用的方法。

陈枫和梁晨是多年的老朋友兼合作伙伴，但随着事业的壮大，陈枫开始对梁晨的一些工作方法感到不满，两人在很多事情上有了分歧，彼此的感情也出现了隔阂。陈枫对这一切感到很失落。

一天，陈枫把梁晨约到两人常去的一家小饭馆，对他说："我们刚认识时，一切都那么单纯，虽然吃苦受累，但心在一块儿，非常开心。现在回想起那时候，还是觉得很开心。"

梁晨听了他的话，眼眶湿湿的，显然他也陷入了对美好往事的回忆中。

过了一会儿，陈枫又说道："但是现在，我不知道我们怎么了，什么都想不到一块儿去，彼此也不再信任对方。我们的友情难道不在了吗？"

梁晨动情地拍着他的肩膀，说："别难过，我们的友情当然还在。我会好好反思自己的，我们还是好哥们儿，对不对？"

陈枫采用的表达情绪的方法是先说正面情绪，再说负面情绪。很多时候，我们对某个人、某件事不单单有负面情绪，而是喜怒哀乐、五味杂陈，这时如果我们能先说正面情绪，让对方的心情好起来，在正面情绪的铺垫下表达负面情绪，对方会更乐于理解和接受我们的情绪。

除此之外，还有很多有效表达情绪的方式需要我们去掌握：

1. 用文字表达，避免正面交流的尴尬和冲突

为了避免当面表达情绪时，自己和对方的情绪过于激动而导致言行不当，可以改用文字来表达。例如，由于工作失误被领导批评，心里难过却又不知该如何诉说自己的委屈时，不妨给领导发一封电子邮件，说清楚事情的原委，表达自己的心情。用文字表达情绪有助于利用组织语言的机会重新梳理心情，不用担心不假思索的话会引起对方的不快。

2. 清楚具体地表达情绪，对方更容易明白

我们在表达情绪时，有时会听到对方这样的反馈：“我不明白你究竟在气什么，我到底哪里做错了，你告诉我！”我们气得七窍生烟，对方还糊里糊涂，这就是表达不清的后果。尤其是一些男女朋友吵架时，女孩子经常会为一些莫名其妙的小事生气，她们却不说出自己不开心的原因，希望男孩子能够猜出来，但总是事与愿违，结果导致情绪更差。

因此，表达情绪要清楚具体，说出你不开心的原因，让对方了解到底发生了什么事，他应该怎么做。唯有如此，你的情绪表达才是有效的。

3. 用他人易于接受的方式来表达情绪

表达情绪要学会投其所好，采用他人容易接受的方式，尤其是在表达负面情绪时更要如此。比如，当你和他人有了摩擦，向对方表达愤怒时，如果对方是个吃软不吃硬的人，你用咆哮、指责、谩骂的方式表达情绪，他肯定不会接受；如果你用温和的态度告诉他你生气的理由，对方就比较容易接受，和解的可能性更大。

4. 表达情绪时只说客观事实，不要随便下结论

表达情绪若想达到良好的效果，要多谈客观现实，而不是随便对人或事下结论。例如，下属的工作出了问题，你应该告诉他出现的问题以及由此造成的后果，而不是向他表达你的定论："你把客户都得罪了，这个合同是绝对签不了了，真的不知道你来公司这半年都学了什么！"这样打击员工，他怎么可能接受你的表达？只有有助于问题解决的表达方式，才是真正有效的方式。

摒弃不适当的表达方式

适当地表达情绪，会收到良好的效果；不适当地表达情绪，则会有相反的效果。请看下面这个小故事。

小丽和男朋友约好到餐厅吃饭，男朋友告诉她，他会提前到公交车站等她，骑摩托车带她一起去餐厅。

小丽下了公交车，没看到男朋友的身影，就耐心地等了一会儿。10分钟后男朋友还没来，于是她拨通了男朋友的电话，但无人接听。没办法，小丽只好继续等。酷暑难耐，小丽又热又生气，心里想："说提前到，结果比我还晚，打电话也不接，到底是出了什么事？"

终于，半个小时后，男朋友出现了。还没等男朋友说话，小丽就劈头盖脸地指责起男友："说在这儿等我，结果我等了你半个小时，我都快被晒化了，你知不知道？迟到了为什么不给我打个电话？打电话为什么不接？你不知道我很着急吗？你究竟在不在乎我，有没有考虑过我的

感受？”

“我怎么不在乎你，不在乎你我能火急火燎地往这儿赶吗？我摩托车没油了，去给摩托车加油，谁知排队的人很多，所以来晚了。我没听到电话响。”男朋友解释道。

“那你不能给我打个电话吗？”

“我……我没看时间，不知道晚了这么长时间，以为没晚几分钟。”

“别狡辩了，我看你就是心里没我，不在乎我！”

“你非要这么说，我也不想解释了。”男朋友也有些生气了。

“好啊，那就不用解释了。再见！”

于是，一场约会不欢而散。

表达情绪也是一门艺术，不仅要表达好自己的情绪，还要学会体察他人的情绪。不分缘由地一味指责他人，会引起对方的负面情绪。在这样的情况下，对方是没有办法站在你的立场思考问题的。诸如此类不适当的表达情绪的方式还有很多，包括：

1. 表达情绪时夸大其词

表达情绪时夸大其词，表现在两个方面：一、因为一点小事就发脾气、闹情绪；二、发脾气时不能适时停止，没完没了，不依不饶。这样表达情绪只会让对方觉得你任性、不成熟、过于在乎自己的感受，对方也会因此无法与你良好沟通。所以，表达情绪过于夸大其词，只会给对方心里留下不好的感受，不但负面情绪无法转化，还会影响到你与他人的关系。

2. 表达情绪时“口是心非”

喜欢对方，嘴里却说讨厌；关心对方，嘴里却说“对，都是我不对，没事瞎操心，你出事跟我有什么关系”；明明心里很难受，想得到对方的安慰，表面却装作很冷淡“你不用向我解释，咱俩的关系犯不着……”

为了保护自己免受伤害，很多人在表达情绪时会隐藏自己的真实感受。但这样做真的就能避免伤害吗？未必！这样“口是心非”的表达方式，很容易让对方摸不着头脑，引起对方的误会。如此，你会更失落，情绪依然无法得到排解。含蓄地表达情绪没有错，但不必让对方猜。有一说一，有二说二，莫把表达情绪变成对对方的考试。

3. 用摔东西表达情绪

一个父亲在教训孩子时顺手抄起身边的碗摔在地上，刺耳的声音吓得孩子哇哇大哭。类似的场景大家都很熟悉——摔东西是很多人表达情绪时惯用的方式。这种较为激烈的情绪表达方式不仅会造成物质损失，还会给对方带来心理阴影。这样虽然发泄了情绪，但付出的代价太大。用摔东西来表达情绪，这种不恰当的方式应当摒弃。

4. 表达情绪时妄想改变对方

在表达情绪时，有时我们会说：“我很生气，以后你不能这样了，你必须把这个臭毛病改掉，必须按我说的做。”对方也许能理解你很生气，但你妄想让他完全按你说的去做，恐怕难以实现。表达情绪的目的是为了信息沟通，而不是为了改变和控制对方。

因此，如果你以这样的目的来表达情绪，多半是要失望的，没有人会让他人用情绪来“绑架”自己。

[中篇]

训练篇——优秀的人总是有好情绪

了解了情绪的产生和特点，接下来我们要做的就是学习如何控制情绪。掌控好情绪，才能掌控人生。无论你在职场中处于哪一个位置，管理好自己的情绪，才能更加游刃有余地面对工作和生活。学会将负面情绪转化为正向力量，才能让自己的职业生涯达到新的高度。

第四章 ／ 优秀职场人的情绪管理学

员工是组织大厦的基石，他们承担着各方面的工作，也面临着诸多难题：初入职场，紧张无措；工作繁杂，压力重重；前途堪忧，心中迷茫；同事难相处，烦恼不堪；上司不满意，心中苦闷；客户难伺候，不知如何应对……如何化解这些压力，转化由此产生的种种负面情绪，是员工亟待解决的重要问题。

初入职场，如何缓解紧张情绪

每个人走向新的工作岗位时，内心都会感到惴惴不安——工作能不能胜任？上司会不会严厉？与同事能不能相处好？公司的环境能不能适应？这些担心不但让我们在工作的过程中时刻保持紧张状态，甚至在工作之余也会寝食难安。

大学毕业后，晓晴到一家广告公司从事平面设计工作。第一天上班时，她感到很紧张，不知道能否适应这里的一切。领导让一个同事先带她，向她介绍一下工作内容。这位同事跟她简单说了几句，就推说自己工作忙，让她自己先琢磨。

晓晴傻傻地坐在那里，不知道怎么办才好。刚才同事讲的她没怎么听懂，可看到同事那么忙，她又不好再去打扰，只得一个人对着电脑瞎琢磨了一天。

第二天，领导交给她一项简单的设计任务。这下，晓晴更紧张了，昨天一天她根本就没学到什么，不知道从何处着手，可她又不敢跟领导说，只好按照自己的理解去做。下班时，她惴惴不安地把设计稿拿给领导看。

领导一边看着设计稿一边摇头，晓晴看着他严肃的表情，心里不禁打起鼓来：“完了，肯定要挨骂了！”

果然，只听领导说：“你的这份设计完全没有可取之处，昨天小张没有教你吗？”

“教了，但是……”晓晴想了想，又把对同事的抱怨咽了回去。

“回去重做！刚来公司要努力学习，明天让小张再教你，你自己也要敢于提问。知道吗？”

“知道了。”晓晴小心翼翼地说。可是，回到工作岗位的她还是老样子，依旧每天对着电脑发呆。就这样过了一个星期，晓晴开始犹豫自己是否应该继续干这份工作了。

无法快速适应新环境是困扰大多数职场人的问题。回想一下，我们之前的人生中也不乏这样的紧张经历：第一次去幼儿园的时候，刚进入小学校门的时候。只不过从校园踏入社会，身份和职责转变太大，要处理的问题都是全新的，我们才会感到尤为紧张和不安。

紧张情绪让我们在工作中变得拘谨、束手束脚，生怕哪里做错了、说错了，给他人造成麻烦，因此觉得压力巨大。长时间紧张焦虑的状态不仅是高效工作的障碍，同时也会造成负面情绪的恶性循环，对身心带来伤害，所以我们要想办法尽快调整状态，迅速适应工作。该如何调整呢？首先，你应该明白这种情绪是正常的，并不是自己独有的，不要过于忐忑和焦虑；其次，你要告诉自己，适度的紧张并不是坏事，只要处理得当，适度的压力反而可以成为我们前进的动力；最后，你要找到切实可行的方法来缓解这种紧张的情绪。

1. 尽快掌握工作方法，消除引起紧张的首要因素

让我们感到紧张的主要原因是自己尚不能完全掌握工作技能，不能出色地完成工作。为此，我们首先要进入工作状态，不能整天不在状态，要善于思考总结，有什么错误尽快改正；其次，要善于向同事和上司请教，不要觉得不好意思，或是怕别人取笑，作为新人，笨一点本也无妨，最怕的是不懂装懂。

当你能基本上胜任工作时，在上司面前就不会胆怯，在同事面前也会比较坦然，紧张的情绪就会缓解许多。

2. 尽快与同事熟悉起来，良好的同事关系能让心情变得轻松

陌生的人和环境都会让我们感到紧张。因为不认识，想问个问题也不知该问谁；因为不熟悉，同事们聊天也不好插嘴。融入是每个职场人初入职场首先要学会的技能。为此，你需要放下羞涩，积极主动一些。同事们聊天时不妨也参与进去，有不懂的问题可以先向自己觉得亲切的同事请教，下班后找同事一起逛逛街、吃个饭。

当你和同事逐渐熟悉起来后，你就更容易融入这个集体，对公司也会有更多的认同感，心情自然就会轻松起来。

3. 放下对上司的恐惧，多接触上司以拉近距离

对上司的恐惧也是让自己紧张的因素之一。但上司严厉的目的并不是为了让你感到害怕，而是为了在下属中树立威信。他的严格针对的是你的工作而非你个人。一个对你不管不问、任你混日子的上司只会耽误你的前程，而一个严格的上司才会成为你人生的助力。

所以，放下对上司的恐惧，平时可以与上司多交流对工作的认识。恐惧往往源于不了解，当你了解了上司的做事方式和态度，就能与之保持相同的工作节奏，和谐相处。

4. 调整急切的心态，让紧张的情绪得到缓解

刚走上工作岗位时，我们总是觉得自己很笨：为什么别人教的我总是不能很快掌握？为什么我在工作中总是感到非常吃力？为什么我总是犯错？对自我能力的抱怨会给我们带来很多压力，甚至让我们丧失自信。然而，要知道，任何人的成功都需要一个慢慢累积的过程，着急是解决不了问题的。与其自我怀疑，不如调整心态，转而关注工作上的进步，每天记录工作所得。一段时间后你就会发现，原来自己比之当初已经成熟了很多。

低就并非低人一等，不要自卑或自弃

一棵树想要吸收更多的养分，就要把根扎得更深。人也一样，若想获得成功，就要把心放在高处，把手放在低处，通过基础的工作一步步实现远大的志向。然而，很多职场人做不到这一点。在他人问及自己的工作时，有些人支支吾吾地不敢说，或者含糊其辞地回答。因为他们认为自己是基层员工，对自己的工作感到自卑，甚至因此而看不起自己。这其实是一种非常错误的心态。低就并不意味着低人一等，那些享誉职场的成功人士也都是从低处成长起来的。

20世纪60年代初，美国肯德基公司打算正式进军中国台湾市场。

他们准备招聘一批储备干部，但由于招聘条件苛刻，许多优秀的应聘者都未能通过。

经过一再筛选，一位名叫高天的年轻人脱颖而出，但仍需通过最后一轮面试才能正式录用。肯德基的总裁和高天夫妇谈了几次，并问了他一个出乎意料的问题："如果我们要你先去洗厕所，你会愿意吗？"高天还没说话，一旁的高太太就先回答道："我们家的厕所一向都是由他洗的。"总裁大喜，免去了最后的面试，当场拍板录用了高天。

后来高天才知道，肯德基训练员工的第一堂课就是从洗厕所开始的，因为只有先从基层工作做起，才有可能了解"以家为尊"的道理。

古罗马哲学家曾说过："想要达到最高处，必须从最低处开始。"职场中的你如果想在未来取得更大的成就，也必须从低处做起，慢慢积累。从低处做起，才能走得更踏实，站得更稳，在登攀高峰时才能更有把握。

有个年轻人与同学乘渔船出海，他望着宽广的大海，说："海真的很伟大，滋养了那么多的生命……"

旁边的老人听到他的话，问道："那么，你知道海为什么那么伟大吗？"

年轻人摇头，表示不知。

老人笑笑，说："大海之所以能装下那么多水，能滋养那么多生物，是因为它的位置最低。"

低就才能成就其伟大，这是大海给我们的启示。因为低，我们才能吸收更多；因为低，我们才不会变得夜郎自大。刚入职场的年轻人不要总是瞄着那些风光的岗位，而应该立足于现实和现在。不要因为自己现在的工作普通就觉得自己无能，也不要因外界对你的评价而影响你对工作的态度。

你需要及时转变对基础工作的态度，如此才能在平凡的岗位上获得成就。

1. 了解成功人士的经历

绝大多数成功人士都曾从事过基础工作，但他们并未因此而自暴自弃，而是最终战胜了自己，取得了巨大的成就。当你对自己的工作感到自卑时，不妨选读一些成功人士的传记，从他们的经历中获得启迪，感受他们是如何从平凡的工作中一步步成就自己的。

2. 善于从工作中学习

不要认为自己的职位太低、太平凡就学不到东西，只要你做个有心人，从任何一个工作岗位上都可以学到东西，也许是工作内容本身，也许是同事身上的优点，也许是工作方法和态度。把这些优质的东西吸收后，变成你的工作能力，才算没有浪费这份工作。所以，不要看不起任何工作，每一份工作都有它的价值，就看你能不能发现它。

3. 做出工作成绩，让自己刮目相看

尽职尽责把工作做好，每一天都要有所进步，用不了多久，你就会在平凡的工作岗位上取得令自己惊喜的成就。每一份成就都是你继续积极工作的动力，以成就激励自己，你会变得更加优秀，自卑自然就慢慢消失了。

找到自己的位置，才能走出迷茫

很多职场人会迷茫：为什么我这么努力地工作，却始终做不出成绩？此时，你应该质疑的不是自己的能力，而是你选择的位置是否正确。有一句话说得好："认识别人容易，认识自己很难。"很多人在进入职场时并未有意识地认识自己，准确觉知自己的定位，结果导致工作目标模糊、职业规划迷茫。在自己不喜欢、不擅长的岗位上工作，只会越发偏离原定的目标，工作起来事倍功半。

一个人在不适合的位置很难展现才华，而一旦把他放到适合的位置，就可能大放异彩。位置不同，结果也会天差地别。一位心理学博士曾经感慨："我从事心理学研究十几年，一个最真切的感受就是做人要有清晰的定位感。"找到适合自己的位置，心情是舒畅的，而改变自己去适应并不适合自己的位置不是不可以，但心态是扭曲的、不快乐的。

每一样东西、每一个人都有自己的特点和使命，这个特点和使命决定了他应该在什么样的位置。那么，怎样才能找到适合自己的位置呢？

1. 根据性格寻找

性格色彩创始人乐嘉的性格外向，喜欢与人打交道，富有创意，不喜欢循规蹈矩。可是，他初入职场的第一份工作是在银行做会计，虽然工作很稳定，但他做得很痛苦，因为他的性格不适合做这份工作。后来，他辞职去做销售，才初步找到自己的位置。再后来，乐嘉开始研究、传播性格色彩，才算真正找到自己的位置。找到位置的乐嘉充分发挥自己的特长，很快成为性格研究领域的佼佼者。

有什么样的性格就选择这样做什么样的事。如果你性格开朗，喜欢与人打交道，那么让你正儿八经地时刻坐在办公桌前，你肯定会难以忍受；反之，如果你性格较为内向，喜欢安安静静地工作，那么让你从事需要时时与人打交道的工作，你很快就会疲惫。将性格与工作性质匹配，比较容易找到适合自己的位置。

2. 从自己的兴趣、特长、能力出发

根据兴趣、爱好和特长来给自己定位，也是一个快速找到自己位置的方法。比如，如果你喜欢打篮球又有这样的特长，那你就可以把自己定位为篮球运动员；如果你喜欢文学又文思泉涌、才华横溢，那么你可以把自己定位为编辑或作家；如果你喜欢科技发明，又能够耐得住性子投入研究，那你可以将自己定位为科技人员。

对工作有兴趣，才能投入热情；擅长这份工作，才能取得成绩。光有某方面的兴趣，没有这方面的特长和能力，这个位置也不适合你。例如，你喜欢打篮球，但你个子不高，四肢不发达，篮球运动员就不是适合你的位置，与之相比，篮球比赛评论员更合适。

3. 将定位与理想相结合

每个人都有理想，做自己梦寐以求的事，内心就有动力，那么这个位置也会比较适合你。你的理想可能是李嘉诚那样的成功商人，也可能是乔丹那样的体育明星，或者是鲁迅那样的伟大作家，把自己的定位和理想结合起来，朝着目标前进，你的内心就不会有游移、困惑、迷茫等负面情绪，而是充满了斗志。

把自己的性格、兴趣爱好和理想这三方面结合起来，再去找自己的位置，那你的定位一定是准确的。找到了自己位置，内心就变得踏实、坚定，负面情绪也会随之减少。

正确看待自己对公司的价值

你是如何看待自己在公司里的位置的，是认为公司有没有你都无所谓，还是离了你就无法运转？这两种想法都是极端和片面的。看轻自己的人会消极懈怠，变得自卑；高看自己的人过于兴奋和激进，变得自大。这两种心态和行为都偏离了职业理性，存在一定的负面效应。

在所有企业部门中，小王的领导非常看重营销部，他经常对其他部门的员工说，要配合营销部员工的工作，不要扯他们的后腿。小王恰好在营销部工作，他很为自己在公司内的重要部门工作而得意。

一次，小王从外地出差回来，到财务部去报销差旅费。他来到财务部，不顾会计正和别人说话，直接对会计说："赶快！把我的差旅费报了。"

会计说："你稍等一会儿，我和同事正在对账。"

小王一听，不耐烦地说："你们等一会儿再对，先给我报销。"

会计歉意地说："你稍等一会儿，马上就好！"

"稍等一会儿？我忙死了，哪儿有工夫等你。快点！我还赶着见客户呢！"

"5分钟就好。"

"5分钟？"小王叫起来，"我等你5分钟，客户会等我5分钟吗？影响了我和客户谈业务，你担待得起吗？你们那点工作算什么，早点做晚点做无所谓！我们的工作才重要，没有我们拿下订单，你们这里所有人都得喝西北风！”

财务部的同事听到小王的话，面面相觑，个个脸上都露出不悦来。

一家公司想发展壮大，每个员工都很重要，但绝对没有哪个员工重要到无可替代。很多人却没有意识到这一点：在一些技术导向的企业里，有些研发人员难免高估自己的重要性；在一些强调市场导向和营销环节的企业里，有些销售人员也会经常心态偏离。过高看待自己对公司的价值，容易在工作中对其他部门的同事有失尊重，更有甚者会以此要挟领导升职、加薪。无端的自我膨胀和优越感让他们变得目中无人、夜郎自大，成为公司的隐形炸弹，这样的员工走到哪里都不会受到欢迎。

再看看那些看轻自己的员工：岗位职级不高、工作内容简单、工作权限范围小。因此，他们往往觉得自己对公司不重要，领导不看重自己，并由此丧失工作积极性，天天混日子，不配合其他同事的工作，甚至与所谓重要岗位的员工产生抵触情绪，发生冲突，这样的员工又怎么会得到公司和领导的重用呢？

再小的零件，机器缺了它也无法运转；再小的岗位，只要企业设立了，就有其存在的价值。员工的不可或缺性不在于你处在哪个岗位，而在于你能否正确对待自己的工作，能否在岗位上为公司创造价值。放平心态，不自卑也不自大，不认为自己不重要，也不认为自己太重要，做好该做的事，无论处在什么样的位置，始终对他人心怀尊重与谦逊，这样的员工才是最受企业欢迎的员工。

工作的意义不只是薪水

“工资太低，干着没劲。”“干得多，拿得少，这不公平！”“很长时间都没加薪了，只让加班不加薪水，谁愿意干啊。”这些都是职场人因薪水产生的抱怨。职场人因薪水而心情不悦、情绪不高是常有的事，并常常因此消极怠工——不加工资就不好好上班，什么时候加工资了，再好好干。如果你有以上想法和心态，只能说明你还不懂得工作的意义。

一位年轻记者因为薪水低，心情一直特别郁闷，他决定完成最后一次采访任务就辞职。这次，他要采访的是国内一位知名企业家。采访很成功，他和这位企业家谈得非常愉快。采访结束后，企业家亲切地问年轻人：“小伙子，你每个月的薪水是多少？”

这一下说中了年轻人的心事，他叹了一口气说：“薪水很少，每个月只有3000元。”

企业家微笑着对他说：“很好！虽然你现在的薪水只有3000元，可你所得到的远远不止这些。”

年轻人听后，吃惊又疑惑地看着他。

企业家接着说：“小伙子，从你今天对我的采访来看，你的工作能力不错，各方面素质都很高，我相信，日后你一定会取得大成就。现在，你唯一欠缺的就是经验。所以，不要管目前的薪水是高还是低，要争取在工作中得到成长和历练，这才是最重要的。”

企业家的话点醒了年轻人。多年后，这名年轻人已经成为业内的知名记者。回想起当初与企业家的谈话，他感慨地说：“对于年轻人来讲，注重才能的积累，比注重目前薪水的多少更加重要。这才是工作的真正意义。”

薪水是我们工作的目的之一，但是除此之外，宝贵的工作经验、良好的人际关系、自我价值的认同和品格的完善同样是工作的目的，这所有的东西加起来才是工作的全部意义。一个只为薪水工作的人，是看不到工资背后的成长机会的，也不会认真对待从工作中获得的技能和经验，更无法在工作中体会到乐趣。他们很难在工作中投入热情，缺乏责任感。他们以工资作为工作努力程度的标准，却从未想过这样的工作平台是否有助于提升能力、开阔眼界。

对于职场人尤其是初入职场的年轻人来说，为薪水而工作，无异于忽视了工作给予你的其他更多回报。这样的态度会让你陷入一种恶性循环：越是抱怨薪水低，越是无心工作；越是无心工作，越是创造不出来工作价值，越难以加薪。

所以，在开口抱怨薪水之前，不妨先问问自己：我为工作付出了多少？很多时候，并不是领导不给你加薪，而是你的能力和经验还没有达到标准。如果能把对工作的抵触情绪转变为先自我增值的正能量，那么你会得到包括薪水在内的更多东西。

别把薪水不高当作自己不努力工作的借口。工作的意义不只是薪水，及时转变你对工作的态度，才能化解对工作的消极情绪。专注于工作本身，你才能够做出成绩，得到更多的回报。

豁达看待比你强的同事

“××工作能力强，和同事、领导相处融洽，看看我自己，什么都不行，真让人自卑。”

“为什么她学历比我高，长得还比我漂亮？老天爷真是不公平！”“哼！一来就坐上领导岗位，我不服！”面对比自己强的同事，我们有时会产生自卑、妒忌、抱怨等情绪。这其实是一种不利于个人发展的、不健康的心态，如果不能有效调节，于人于己都会造成极大的损失。

安娜与丽达本是非常要好的朋友和同事。丽达比安娜晚一年进公司，丽达刚进公司时，安娜十分照顾她，每当遇到难缠的客户，安娜都会主动帮她解决。当丽达业绩不好的时候，安娜还会和她一起想办法。

凭借着自己的努力和悟性，丽达很快取得了成绩。丽达心中明白，这一切都离不开安娜的帮助，因此对安娜特别感激。再后来，丽达凭借着高额的工作业绩升职做了主管，成了安娜的上司，这让安娜的心里有点不舒服。

有一次，丽达与安娜共同负责一个新产品的市场推广方案，两个人同时向客户提交了自己的提案，但客户采纳了丽达的，并当着安娜的面提出要单独与丽达面谈。结果，第二天，丽达一来到办公室，竟听到办公室的同事在窃窃私语，说她和客户在酒店彻夜不归。后来，这件事被越来越多的同事知道，竟然成了全公司同事茶余饭后的谈资。丽达不堪其扰，只能辞职。后来，这个项目公司没能接下，而安娜也因散播谣言而受到上级的处罚。

实际上，丽达的辞职让安娜后悔不已，她不停地自责：自己只是想说点丽达的坏话，发泄发泄心中的不满，不想竟造成这样的结果。这件事也成了她一直难以解开的心结。

安娜并不是个十恶不赦的坏人，只是不能正确看待比自己强的同事，也不能合理地调控情绪。正是因为不懂得如何调节情绪，她表现出狭隘、妒忌和冲动的心理，结果失去了好朋友，也给双方的心灵都带来了伤害。

比我们强的人哪里都有，如果碰到比我们强的人，我们就像安娜一样产生嫉妒之心，那将给自己和他人造成很大的困扰；如果看到同事比自己强就无法容忍，情绪失控，那只会做出伤害同事、令自己后悔的事情，甚至会影响两个人的工作和前程。

因此，当他人比我们优秀时，我们更应该从自身找原因，而不是通过一些不正当的手段去抑制他人的进步。我们要转变以下两个认知，拥有一份豁达之心。

1. 只与自己做比较

一个内心强大的人，这一生都不会有失败感，因为他们不会跟别人比，只会跟自己比；他们不会让外界的任何因素影响自己的情绪，永远接受现在的自己，享受目前的生活，心中永远有自己的目标。一个把自己当作对手的人，又怎么会有时间忌妒他人呢？

2. 人生要比的不是一时的强大，而是一生的强大

我们都有过这样的经历：前几年某个人还是你的上司，今天却成了你的下属；刚刚入职时，某个同事各方面都优于自己，没过多久，自己就凌驾于他之上。这说明什么？说明事物是发展变化的，而不是停滞不

前的。所以，不必为某个人比自己强而自卑，也不必为自己比他人强而自大。

人生是一场马拉松，而不是一场百米赛跑。我们要比的不是一时的谁比谁强，而是这一生谁更成功。你要做的不是忌妒前面比你跑得快的人，而是要找到让自己跑得快的方法。所以，比你强的同事不是你前进的阻碍，而是你奋勇向前的驱动力。既然是驱动力，你又有什么好忌妒的呢？完全可以豁达待之。

学会消解与上司之间的矛盾

很多人会苦恼于自己和上司之间的关系，他们或是惧怕上司，或是觉得与上司的工作节奏有差异，却又必须跟上司打交道。现如今，工作占据着多数人每天大部分的时间，不能处理好与上司间的关系，将会极大地影响我们的工作情绪。

林枫在这家公司工作得一直很顺利，虽然工资不算太高，但他工作很开心，和同事相处融洽，尤其是和上司之间沟通起来特别顺畅，这也是他愿意待在这家公司的主要原因。不过，最近公司更换了一个新领导，接触一段时间后，林枫发现这个领导的工作能力和原来的上司相差甚远，脾气也非常古怪。

有一次，新领导批评了林枫，但那个错误并不是林枫造成的，林枫极力向领导说明，却并未得到领导的积极回应。领导不想听他的解释，反而说他态度不端正。林枫觉得非常委屈，觉得新领导既不懂业务，又不懂管理，最重要的是很难沟通。

之后，林枫又和领导发生了一些小摩擦，彼此都对对方很不满意，领导通过训斥来发泄不满，但林枫的情绪却无处发泄，只能憋在心里。

在这种情况下，林枫萌生了辞职的念头，但他在这家公司已经工作多年，适应了这份工作，公司的待遇很好，同事们也舍不得他走，这让林枫十分纠结和煎熬。上班时，他想的是这件事，下了班和朋友聊天说的也是这件事，与上司的矛盾已经严重影响了他的情绪和生活。

有一个各方面都令自己满意的上司是员工的福气，然而，并不是每一个人都有这样好的运气。其实，多数上司并不存在大是大非的问题，但是每个人对工作的想法、态度和习惯都存在差异，相处时难免会出现摩擦，而差异越多，我们越会认为自己很难与其相处。

那么，当和上司出现分歧，产生矛盾，致使我们产生不愉快的情绪时，我们该如何解决？频繁地跳槽显然是不切实际的，它无法从根本上解决问题。那么，隐忍和爆发，选择哪个更加妥当呢？还有哪些方式有助于缓解自己压抑的情绪呢？

1. 切勿争吵，谈问题前先平复情绪

我们在解决和上司的矛盾时，切勿采用争吵的方式。硬碰硬并不能使任何一方屈服，反而会令双方的矛盾激化。因此，和上司之间不管是小意见还是大冲突，都要以平和的语气陈述事实。倘若上司或自己过于激动，可以先给予彼此平复情绪的时间，等双方都能心平气和地交谈时，再谈如何解决问题。

2. 正确看待上司的挑剔和批评，适当表达自己的不满

面对上司的指责和批评，不要盲目地反驳和狡辩，而是要先反省自己是不是真如上司所说，存在那样的问题。如果是，就放下抵触情绪，

心悦诚服地接受批评；如果不是，也不必大哭大闹、大喊委屈，应理性地向上司陈述你的理由，这样才能让上司看到你的成熟度和专业度。如果觉得当面陈述没有把握，也可以采用邮件等方式。

3. 了解上司，适应上司的工作模式

我们之所以会觉得与上司难以沟通，对上司不够了解也是其中一个重要原因。由于领导者和普通员工的角色不同，看待问题的视角、想要得到的结果往往也会存在差异。不了解上司想要的结果是什么，不知道上司的脾性如何，不适应上司的工作方式，这些都会造成我们和上司之间的隔阂和距离，产生矛盾与冲突。

想要改变这种状况，可以尝试着去了解上司。从领导者的角度思考问题，你会更加理解上司做出的决定。当你不确定的时候，也可以直接与上司确认："您说的是这个意思吗"或者"您希望得到的结果是否是……"主动适应上司的工作模式，不仅有助于解决和上司的矛盾，还能让你学到更多的工作技能，一举两得。

别把生活中的情绪带到工作中

员工优秀与否，工作能力是一方面，情绪控制能力同样值得关注。每个人的生活都存在诸多麻烦和困扰，如果不能有效调节情绪，将生活情绪和工作情绪混为一谈、相互传染，那么生活和工作都会是一团糟。尤其是在某些特定的岗位上，情绪控制能力就是工作能力的一部分，不能把控情绪就无法完成工作。

晓琳是一名从事服务行业的员工，每天要面对大量顾客，需要精神饱满，笑脸相迎。但这几天，晓琳怎么也笑不出来，因为她和男朋友分手了，情绪跌落到极点。

晓琳这种不好的情绪持续了好几天，早上上班时，她脸上还有晚上哭泣的泪痕，工作也不在状态，懒洋洋地不想说话，见了顾客也不怎么打招呼，这样的情景被上司看在眼里。下班后，上司批评了她。情绪正糟糕的晓琳怎么会心平气和地接受批评，她和上司顶起嘴来，说自己都分手了，怎么还能好好上班呢？

上司说，你应该学习控制自己的情绪，起码要将工作和生活分隔开，在上班时间做好自己的工作，下班后再发泄也可以，不能把生活中的负面情绪带到工作中来，这样的工作态度是极其不成熟的。

人生在世，谁都会遇到不顺心、不如意的事情，情绪上有些波动在所难免，悲痛难当也可以理解。但只要到了公司，就要放下这些不愉快的事情。不管你在生活中遇到什么不痛快的事情，都不应该带到工作中，这是最起码的职业素养。

若把负面情绪带到工作中，不仅会影响自己的工作，还会波及身边的同事，将负面情绪传染给整个团队。我们也会发现，周围那些因一点小事就大发脾气的人，往往会令同事心生反感，给上司留下不好的印象，从而导致自己错过很多发展的机会。

走向职场，就不可能像小孩一样，稍有不顺心就随时随地发脾气。公司是公共场所，不能不顾对象，不考虑场合，随心所欲，为所欲为。公司不是家里，家人可以无条件包容你，上司和同事却不能无端接受另一个人与己无关的坏情绪。生活中的情绪就在生活中解决，在一天的工作开始之前，要学会把生活情绪抛开，以良好的状态投入工作中。如果你觉得做到这一点有些难度，那么可以尝试用下面几种方法来转化。

1. 心理暗示法

心理暗示有明显的影响作用。在每天上班之前，可以在心里对自己说：“要工作了，不管心情多么不好，现在都要立刻抛开．不能影响自己上班时的情绪，我相信自己可以做到。”

2. 请假

如果你觉得自己的情绪真的很差，无论如何也控制不了，那么也不要强撑，不如暂时离开工作岗位，休息一两天甚至更长时间，甚至出去旅游散心，调整好心情再回来工作。这比你强撑着工作，导致工作错误百出，要好得多。

3. 数数拖延法

当你想要发作时，不妨在心里默念数字，一两分钟后情绪就会稍有平复。

情绪稳定意味着一个人工作状态稳定，领导者会信任工作稳健的下属，同事会愿意亲近情绪稳定的同事，想要让领导者放心将你放在重要的位置上，就要先学会将生活与工作分开，如此也可保证你的生活质量不受影响。除了上述方法外，你也可以尝试找到适合自己的情绪管理法，只要你愿意，控制情绪并没有想象得那么难。

合理安排工作，缓解加班焦虑

如果要问职场人谁没加过班，恐怕没有人会举手。偶尔加班，大部分人都不会有太大意见。倘若要经常加班，相信很多人都会第一时间抱怨："No！我不要这样的生活！这会让我很烦躁！"加班剥夺了我们的私人时间，让我们无法得到充分的休息，更不能随心所欲地享受自己的生活。

小辉在一家外贸公司工作，工作体面，工资待遇也不低，因此他在这家公司工作了三年。然而最近，他却越来越坚持不下去了，甚至觉得再多上一天班都会崩溃。

为什么会这样？原来，三年前小辉得到这份来之不易的工作机会，他为此非常高兴，同学们也很羡慕他，纷纷说如果他们有这样的工作机会，就算天天加班也无所谓。

结果不幸被同学们言中了，上班后，他果然天天加班。刚开始，他出于对工作的热情和珍惜，就算加班加点也毫无怨言，但架不住一加就是三年。

在这三年中，他没有超过两天的假期，没有出去旅游过一次，晚上8点之前没有下过班。长时间加班让他失去了个人时间，连女朋友也因为没有时间见面而和他分手了。小辉为此非常难过，同时也开始厌烦没完没了的加班。他多么希望自己能像其他人一样，按点下班，去逛逛街、看个电影、健健身。他很苦恼，总在想什么时候自己才能不再为加班而焦虑呢？

我们的生活离不开工作，但工作不是我们生活的全部内容，长时间加班会令我们焦虑，甚至产生职业倦怠感。俗话说："一张一弛，文武之道。"生活需要调节，神经需要放松。当我们长时期处于加班状态时，该如何调节自己和工作呢？

1. 立即行动不拖拉

倘若你加班的原因是不能在规定时间内把工作做完，那么你可以通过改掉拖延的习惯提升效率。首先，你要放弃以下想法：反正时间还多，明天再做也不迟；今天情绪不好，明天再干吧；时间越紧迫，工作效率才更高，等到最后我再做……抱着这样的侥幸心理，最后你只能在焦虑的心情下仓促地完成工作，工作质量也不会高。所以，拿到任务后，应立即投入行动，这样既能避免加班，也能避免焦虑。

2. 合理安排工作

除了改变拖延习惯外，我们还要学会合理地安排工作。可以把工作分段，一星期做多少，一天做多少，每天做好计划，按时按量完成。也可以先做重要的，再做不太重要的，按照任务的紧急程度和重要程度按部就班地完成。这样既可以分解工作压力，也能够按时完成工作，不再加班，告别焦虑。

3. 工作之后，释放心情

有时候，我们的工作任务比较重，即使不拖拉、合理安排，仍然要加班。这时候，我们需要在加班后好好地释放自己的心情：逛逛街，买点东西犒劳一下自己；和同事出去吃个饭、唱唱歌，放松一下；好好睡个懒觉，彻底地休息一下。有效地放松，缓解这一阶段的疲惫感和焦虑感后，我们才有精力投入下一阶段的工作。

平和看待工作中的得失

工作中，我们总要面对各种得失：得到一份工作，却失去追逐理想的机会；付出很多努力，却没能得到上司的认可；花费了很多心血经营客户，最终却没能拿到订单；升了职，加了薪，工作却忙碌了很多，失去了很多个人时间……面对这些得失，你是怅然失落，还是无奈愤懑？你的心情会因此失衡，无法平静吗？

韩林是一家公司的销售人员。做销售不容易，每个月有订单任务，完不成只有基本工资，完成了工资就远远高于公司的后勤人员。好在韩林的能力还不错，在这家公司三年，每个月的收入都相当可观。但时间长了，他却对自己的工作感到厌烦，原因自然是工作压力大，经常出差而无法照顾家庭。最近，他的白头发越来越多，情绪也非常消沉，不想出去见客户，一听到客户的电话就烦。

在这种情况下，韩林就以身体不适为由，向上司请求给他换一个稍微轻松的岗位。领导鉴于他为公司做了不少贡献，就答应了他的请求。于是，韩林被调到办公室做业务助理。这个职位非常清闲，平时没什么事，就是整理一下客户资料，接接电话。韩林做得很轻松，那段时间，他非常满足，也很感激领导。

但过了一两个月，韩林又不满意了，为什么呢？以前做销售，工资是拿提成的，他每月收入是基本工资加提成，数目不菲，现在调到办公室工作，工资是固定的，每个月只有以前的一半。这样大的落差让韩林心里不平衡了，他有些后悔调岗了。可是，现在再请求回去做销售，自己怎么好意思张口？领导和同事又会怎么看自己？韩林陷入了纠结、痛苦的情绪中。

韩林的痛苦在于“鱼与熊掌”想兼得，既想要高工资，又想清闲，世界上又怎么会有这样两全其美的事呢？拥有此便会失去彼，不想面对这样的事实，就会陷入痛苦中。工作中，我们常需要面对这样的两难选择，对此该抱有怎样的态度和认知，又该如何梳理白此引发的负面情绪呢？

1. 眼光放远一点，看淡眼下的得失

眼光放远一点，就是说自己要有长远的目标，哪一个选择更接近长远目标就选择哪个。比如，在工作的选择上，这份工作虽然暂时待遇不好，但是自己的理想所在，长期干下去必然能做出成绩；而另一份工作虽然稳定且待遇好，但自己没兴趣长期干下去，那么就长远来说，前一份工作是对自己有益的，你就不必再纠结了，应毫不犹豫地选择前一份工作。

又如，升职加薪后，工作过于忙碌，你失去了许多个人时间，这令你非常不自在。但加薪的同时你实现了财务自由，可以享受高质量的生活。其次，工作忙碌会让你学习到更多的东西，提升工作能力，在未来你会有更多可选择的工作机会。所以，从长远发展看，升职加薪显然是更好的决定。

不要盯着眼下失去的那点东西，对于你一生将要得到的，这点失去是微不足道的。当你有了长远观以后，你对事情的看法就会大大不同。你不会再为眼下的一点失去而耿耿于怀，对待一切得失都会更超然。

2. 放弃两全其美的想法，才不会心生烦恼

在得失之间痛苦纠结的人都是贪心的人，为什么这么说呢？因为他们既想要这，又想要那，总是不满足。比如，有些人想工资高，又不想太忙太累；想清闲一点，又接受不了工资低。还有一些人对待工作是既想稳定，又想未来有大发展，这样的工作机会也少有。因为发展总是和机遇、冒险连在一起的，不敢挑战自己，又怎么能实现突破呢？

所以，这类人要想不烦恼，就必须放弃凡事都想两全其美的想法。

3. 多耕耘，不要总是惦念着收获

“为什么我这么努力地工作，升职的却不是我？”“为什么我用心做的方案，客户却一口否决了？”很多职场人都有过这样的失落。谁不想一分耕耘，一分收获呢？但世界上就是没有这么绝对的事。很多时候，耕耘和收获并不完全相等。

所以，不要总想着付出了就一定有好的回报，努力了就一定有好的结果，而是要把注意力多放在耕耘上。不要总是惦念着收获，你才不会总是拿杆秤去衡量付出与得到之间的多少。唯有如此，你才能坦然地面对工作中的一切得失，你的情绪才不会在得失之间不停地摇摆和波动。

第五章 ／ 优秀经理人的情绪管理学

经理人是企业的中流砥柱，是职场竞争中的主力军。上有上司，下有下属，经理人的压力可想而知。情绪易怒，脾气暴躁，紧张惶恐，压力重重……面对种种情绪困境，经理人该如何转换思维，找到转化情绪的方式？下面，就让我们对此进行探讨。

招聘员工时仔细考量，避免后力不继

作为一个经理人，要想把自己的压力降到最小，把自己的负面情绪降到最少，除了及时处理当下所面临的情绪问题外，还必须有先见之明——提前拦截将来可能给自己带来压力的事情。例如，在招聘的时候，将不合适的员工拒之门外。

张霖是一家公司的工程部总监，平时工作非常忙，难得今天在家休息。不过，他休息得很不踏实，因为他担心今天独自值班的小李会出现纰漏。

张霖正想着，小李的电话就来了，说公司的电脑全部死机，他已经维修了半天。张霖急了，马上把所有维修方案告诉了小李，并在电话里指导小李如何操作，但仍然无济于事。电话那边的小李都快哭了，说全公司的人都在埋怨、催促他，最后小李诺诺地说：“张总监，您能来一趟公司吗？我真的解决不了。”

张霖一听瞬间火大了，每次只要小李值班，他就不能好好休息，小李总是有问题需要他去帮忙解决。已经来公司半年了，怎么还不能胜任工作呢？这都怪他自己当初招聘的时候没有仔细考察小李的能力，才把这种不合适的员工招了进来，弄得自己现在这么被动、烦恼！

一个经理人没有得力的下属，工作肯定很难推进。下属动不动就来请教你，做错的事情要你去弥补，你离开一会儿他就不停地打电话找你，你休息几天也不安心，生怕他们应付不了。这样的员工就像离不开妈妈的孩子，永远需要你的搀扶。不但他自己工作效率低，也会影响整个团队的效率。这个时候的你，怎么可能不产生负面情绪？

因此，为了避免出现这些情况，身为经理人的你需要在招聘员工时仔细斟酌，用心考量，以避免后续出现能力不继的局面。

1. 招聘员工时考量责任感

现在有一种说法是“责任大于能力”，暂且不说责任是不是真的需要大于能力，但起码说明了员工尽职尽责的重要性。尽责的员工不但会做好自己的本职工作，还会不遗余力地帮助他人。这样的员工在企业中也许并不显眼，甚至常常被忽略，却是最难得的。经理人若能招到尽职尽责的员工，必然可以减轻很多压力。

2. 招聘员工时考量潜质

有的员工初到工作岗位时并不会显现出突出的能力，但是他们有胜任这份工作的潜质，并有强烈的上进心，愿意为这份工作付出努力，这是经理人在招聘时需要看到的。因为这样的员工稍加培养就能成为你得力的干将，你不能拒之门外。

3. 招聘员工时考量与岗位的契合度

与岗位的契合度可以从两个方面来考量：一是性格合适。例如，有的人性格外向，就把他们安排到与人打交道比较多的岗位；性格较内向的，最好让他们做办公室、后勤之类的工作；招聘会计时，要招聘那些思维严谨、更愿意遵守规则的人；招聘广告设计师时，要选用思维灵活的人。

二是兴趣对口。某些人在找工作时，为了缓解生存压力，会随便找个工作糊口，结果是对工作敷衍了事，不求上进。这样的员工给公司创造不出太多价值，必将成为经理人的烦恼。所以，经理人需要找到的是对企业或工作内容有兴趣的下属。兴趣是人们努力工作的动力，因为喜欢，他们会工作得开心，并愿意在这个行业、这家公司长期待下去这无疑给经理人解决了很多后顾之忧。

4. 招聘员工时考量忠诚度

有的员工很能干，但干不了多久就跳槽了，这让许多经理人气恼，会觉得是为他人做了嫁衣。因此，在招聘时一定要考察员工的忠诚度。对跳槽频繁的员工，需要仔细询问清楚缘由，最好慎招或者不招。把那些个人职业发展目标同公司发展目标一致、踏实工作，并对公司忠诚的人才招到公司，才能避免因员工频繁跳槽而带来的困扰。

控制自己的情绪，释放员工的情绪

“羽扇纶巾，谈笑间，樯橹灰飞烟灭”，这才是一个经理人面对压力和困扰时应该有的气度。然而，现实中的某些经理人在面对压力时，却会第一时间找个出气筒，把自己的情绪发泄出去。他们的下属常常首当其冲，成为他们的发泄对象，被迫接受他们丢过来的情绪包袱。

有一个高管，脾气暴躁。一次，他给一个员工传授工作经验，员工听了半天也没听明白，他气得猛拍了一下桌子，喊道:“你怎么这么笨!”这位员工是新来的，还不了解上司的脾气，当时就给吓哭了。

还有一次，一个员工在工作中犯了错误，他在办公室向员工吼道:“你来公司这么久了，怎么还犯这种低级错误呢?”他一直骂了十几分钟，员工低着头不敢吭声。过了几天，这个员工又犯了一个小错误，没等他骂，就直接辞职了。

这位暴躁的高管不但在员工工作失误时脾气暴躁，就算平时和下属沟通时也常表达出不好的情绪。例如，下属向他提出建议，他总是不耐烦地说:“这个我已经想到了，不用你跟我说。”时间长了，员工们都不愿意与他交流，连打招呼都能免则免。在他手下工作的员工都干不长，流失率特别高。

员工无缘无故被人丢过来一个情绪包袱，会怎么办？扔掉——辞职；背着——带着压抑情绪工作；扔回去——和上司发生冲突。不管是哪一种可能，都不是我们愿意看到的。员工犯了错，经理人可以表达情绪，但不能不讲究方法，不考虑环境，不注意措辞，不顾虑员工的感受。否则，你的情绪就只是转嫁到员工身上，而不是合理宣泄了。经理人不懂得控制自己的情绪，只会伤害员工的自尊，让员工在压抑的情绪里工作，如此一来，员工怎么会有工作积极性呢？这样的管理者又怎会受到员工和企业的欢迎呢？

引而不发、收放自如，是经理人应具备的成熟境界；而给予员工自信和自尊，让他们保持良好士气，在工作中愉快地成长，是经理人应该承担的责任。经理人不应该成为负面情绪的传染源，他们应该做到不放纵自己的情绪，不压抑员工的情绪。

1. 温和地批评，引导员工说出想法

经理人不要总是高高在上、自以为是地批评员工，尤其是不能不注意场合、毫无分寸地批评员工，要将批评的内容用温和的口气说出来。如果事态严重，也可以用一些比较严厉的词语，但态度不能过于暴躁。批评完员工，要记得给员工申辩的机会，并主动询问员工对这件事的想法，让员工的情绪得到释放。

2. 面对员工的错误，偶尔可以糊涂一点

并不是说，一个极度严苛、眼里容不下一粒沙子的经理人才是好的领导者。古时候的皇帝面对大臣们的错误偶尔还会“睁只眼闭只眼”，经理人若面对的不是大是大非的原则性问题，偶尔糊涂一点，也是在给员工自觉改正的机会。

与其事后发脾气，不如事前将压力分摊

经理人经常会面对艰巨的工作任务，并由此感受到繁重的压力。但员工们对此却没有太强烈的感受，依旧摆出一副懒散的做派。为什么会这样？这与经理人没有做好事前工作有关。经理人没有向员工告知这项工作的重要性和艰巨性，以至于员工对此不够重视、不够紧张，并极有可能无法出色完成任务。这时，经理人再对员工大发雷霆，骂他们对工作不够积极、不够认真、效率不够高，其实为时已晚。

一而再、再而三的如此，经理人的情绪会变得越发暴躁，对待工作、下属都表现出无可奈何的心态。与其如此，不如事前就让员工分摊压力。

沈灵是一家企业的行政部总监，最近公司要整体搬迁，公司高层给她下达的任务是在两个星期之内搬迁完毕，两个星期后的周一，所有员工必须在新办公地点投入工作。

这个任务可让沈灵头皮发麻：公司有十几个部门，500多名员工，几百台电脑和数不清的办公用品。要在两个星期内收拾妥当，搬到城市另一端的写字楼，可不容易做到。

沈灵顶着巨大的压力，吩咐行政部的员工立刻投入工作。可是两天过去了，她发现搬迁进度缓慢，各个部门的员工并没有开始收拾东西，还和往常一样在工作；自己部门的员工也没有尽力去催促、协调，每个人都懒懒散散，不知道在干什么。

沈灵立刻把几个主管找过来询问：“你们不知道两个星期之内公司

要搬迁完毕吗？”

几个主管答道：“知道啊，我们都尽力在做了。”

“知道就好，加快速度，必须按时完成任务。”沈灵交代了几句，就让几个主管去忙了。

转眼到了第二个星期的周末，搬迁任务才完成了一半，至少有一半的办公用具还没搬过去，新办公地点的电路还没安装好，卫生打扫得也不彻底。沈灵正头大呢，公司总经理找到她，严厉地责问道：“为何搬迁进行得这么缓慢？知不知道不能按时完成搬迁，会给公司带来多大的影响？”总经理决定扣发她这个月的奖金。

挨了批评、受了处罚的沈灵窝了一肚子火，她回到自己的办公室，把几个主管叫来，劈头盖脸地骂了一顿。几个主管被骂得个个低着头，一句话都不敢说。

会出现这样的结果，一方面源自沈灵下属工作不得力，另一方面也与她下达任务不到位有关。她总是轻描淡写地向下属传达任务，他们自然意识不到问题的紧张性和严重性，结果将事情做得一塌糊涂。到头来，自己一通脾气发出去，不仅不能有效完成工作，还会重创所有人的士气。所以，与其事后向员工发脾气，还不如在事前就让员工替你分担压力。那么，具体该怎样做呢？

1. 向下属陈述你的难处

有些经理人会觉得自己是领导者，任何压力都该由自己承担，就算知道工作有可能完不成也不该让下属知道。这一想法其实并不完全正确，让下属知道你在这件事情上承担的压力，反而能激发下属的能动性。下属没有你想象得那么脆弱，将压力分摊会让你们成为一条战线上的战友，产生协作共进的动力。

所以，面对工作上的巨大压力，与其板着脸呵斥员工不得力，不如真实表达:“这个任务确实很艰巨，不但难度大，给我们的时间还短。我感到很焦虑，也有点担心，幸好有你们这些有经验的下属帮忙，让我心里踏实不少。”员工听到领导如此真诚的表达，心里一定会舒服很多，会愿意更努力地承担起自己的那部分责任。

2. 事前让员工分担工作

经理人要想摆脱工作不能按时完成的担忧和焦虑，最好是合理安排工作，让每个员工分担一部分工作。当然，在分配工作时要按每个员工的能力和特长来分配。例如，给工作能力强的分配一些比较难的工作，给责任心比较强的分配一些比较重要的工作，给效率比较高的分配一些比较急的工作，这样每个员工都能很好地完成各自的任务。

3. 事先让员工知道事情的严重性

一些员工之所以未能积极主动地工作，就在于他们不知道这项工作完不成的后果是什么。那么，作为经理人，你应该提前让他们知道：这份工作如果完不成，会给公司带来多大的损失，我们会因此受到什么样的处罚。这样，员工的意识有了提升，工作的积极性就会被调动起来。

通过放权解压，让下属各司其职

职场中有一个词非常关键——各司其职。团队中的每个人必须各司其职，才能让企业正常运转，才能使团队效率最大化。经理人身为企业的中层管理者，其职责是有别于普通员工的。倘若经理人依然从事的是具体的杂事，大事小事都亲力亲为，那么他显然是失职的。

一家红极一时的商场最终也难逃关门倒闭的命运，老板管理这家商场可谓兢兢业业、一丝不苟，那么是什么原因导致商场无法经营下去了呢？

原来，这位老板凡事喜欢亲力亲为，只要他在场，事无巨细，都要插手。他不断地对各部门的工作发出指令，并经常为“某处霓虹灯断了一根灯管而没有及时换上”“某处玻璃门没有擦干净”“花木上积了厚厚的尘土”等小事训斥部下。

这样的管理方式让他整日非常忙碌，而且越忙越容易为一些小事发脾气，责骂员工。这样，不但他自己时时处于紧张状态，员工也感到非常不自在。他们觉得老板把他们当成孩子一样看着，犯人一样管着，于是纷纷选择了辞职。公司最终无法继续经营下去。

一个好的经理人应该学会放权，让下属自主进行工作。他们应该善于启发员工的智慧，支持员工的创造性建议，而不是全权掌控员工。放权意味着你对下属的信任，信任往往是相互的，下属感受到你的信任，才能信服你的领导。学会放权，不仅可以让经理人合理安排自己的工作，也可以留出更多的精力管理整个团队，于人于己于整个团队都是有利的。

需要注意的是，放权并非简单地将手中的工作分发下去，还需要遵循以下几点。

1. 决定放权不能中途停止

每个人的成长都是不断试错的过程。不要因为员工的业务技能还不熟练，可能会犯错，就不让他们做事情。在可行的范围内，应放手让员工去做，他们只有犯了错才能累积经验。经理人要注意，一旦决定授权，就不要中断或在过程中强行干扰，你可以启发或协助，但绝不能占据主导权。

2. 把工作分发给不同的员工

放权的对象不应只有一人，经理人可以把手头的工作同时分发给不同员工，让团队成员共同协作，这样也是为了让每个员工都得到锻炼的机会。例如，公司刚刚成立，亟需解决的问题很多，作为部门经理，你可以这样安排：小张和小李负责办公室卫生；小王去领所有办公桌抽屉的钥匙，每一把试一试，然后去领文具，发放给每个人；小陈检查办公室线路和电脑，看看能不能正常运转；江主管和林主管，明天给所有新入职的员工进行培训。

如果你不去安排这些琐碎的事情，那么每个人就不知道自己该做什么，不仅工作完成不了，而且最后任务累积到你身上，必然会给你造成巨大的压力。学会把任务分解，你的压力会立刻“瘦身”，情绪也会好转。

3. 培养得力员工

某些经理人之所以喜欢凡事亲力亲为，就在于没有能干的下属。他们也想歇一歇，但是扫视一圈，会发现这项重要的工作交给谁都不合适，最后只好自己来做。所以，培养业务上、管理上都能独当一面的得意干将，也是经理人的职责之一。也许有些经理人会担心，这些得力骨干在成长和锻炼后，会不会有一天比自己更强，将自己取而代之？其实，这样的担心完全没有必要，因为下属在成长的同时，你也在成长。只要你别因此懒散下来，不断充实自己，你也会有继续升职的机会。

将日程删繁就简，从忙碌中解脱

许多经理人的案头上都摆着一份工作日程表：八点钟开会，九点钟读报，九点半开始处理琐碎的工作，十一点和新员工谈话，下午两点在办公室见客户，四点钟出去见客户，七点钟和客户吃饭……还有，星期三去上海出差，星期四到无锡谈业务，星期五……每天，他们的生活都被这些日程填得满满当当。每当经理人想要放松的时候，看到上面密密麻麻的安排，又不得不重新打起精神，投入到工作中。于是，经理人总是处在越忙越累、越累越忙的状态。

实际上，观察日程表后你会发现，经理人的很多日程并非必须做的，只有学会将日常删繁就简，才能从忙碌的状态中解脱出来。

美国著名作家爱琳·詹姆丝年轻时不仅是个作家，同时还是一家地产公司的投资顾问。她白天在公司忙碌，晚上还要回家写作，忙碌的生活导致她每一分钟都被塞得满满的，每天的睡眠时间只有四五个小时，身心非常疲惫。她想改变这种状态，却不知道该从何做起。

有一天，她坐在自己的办公桌前，呆呆地望着眼前写满待办事宜的工作日程表，忽然灵机一动，拿起笔开始划起来：这个会议可以不开，划掉；这份报纸可以不读，划掉；这个客户可以不见，划掉；这个应酬可以不去，划掉……划完之后她发现，每天必须要做的事情只有几件而已，而且每件事情中间都留有一些空当。

看到这里，她有些兴奋，于是又将月程表拿出来，将那些可做可不做的事情都从表中清理出去。然后，她将办公桌上堆积如山的报纸和杂志分类清理，只留下一些必读的。为了不让每个月收到的账单函件打扰自己，她又注销了自己大部分的信用卡。做完这些，她的办公桌整洁了许多，日程安排也从二十多项缩减为十项。爱琳·詹姆丝觉得自己也轻松起来，整个人都变得神清气爽了。

美国著名作家德莱塞说："习惯促使我们去做所有的日常琐事，我们总是担心如果不去做，就会失去什么东西。"其实，有些工作即便不去做，也不会失去什么。我们可以像爱琳·詹姆丝这样，在忙碌的时候停下来反思：每天有多少工作是不需要做的，有多少工作是可以放权给其他人做的，有些烦琐的例行公事是不是在浪费时间和精力。反思过后你会发现，自己的很多时间都浪费在不必要的事情上。

忙碌使我们表面上看起来是有所追求的，是积极向上的，但是仔细想来却会发现，我们不过是陷入了为忙碌而忙碌的怪圈。为了不承担懒惰、消极的恶名，我们不得不将自己支使得团团转，这其实是更为错误的心态。天天喊忙喊累的经理人需要适时警醒，静下心来，为工作重新做出安排。

1. 删减形式化的工作

形式化的工作过多，对工作本身并无益，只会降低你的效率，占用你的时间和精力，因此可以缩减形式化工作的次数，或者干脆将其删除。例如，每天必开的例会是否有必要？能否改为一星期一次，每次开会的时间能否从一个小时缩减为半个小时？会议内容可否通过其他形式简要告知成员？经理人可以通过这样的思考来优化工作形式。

2. 推掉不必要的应酬

许多不必要的应酬占据了我们的时间和精力，尤其是在下班之后，将本可以休息充电的时间花费在无谓的应酬上，实在是得不偿失。

3. 在同类事务中取优

通常情况下，为了获知更加全面的信息，经理人会在一个方面选择多个参考平台，比如为了获得时事信息而选择多个 APP。其实各个平台的新闻大同小异，重复阅读会浪费许多时间，完全可以从中选择一个更具权威性、时效性的平台。又如，需要经理人参加的各类型会议，可以从中选择几个较为重要的，其余或由下属代为参加，或直接推掉。

那些有卓越贡献的人都是懂得专注、化繁为简的人。优化日程，把你的精力用在更重要、更值得做的事情上，你的工作效率会更高。将工作日程删繁就简，你的压力和负面情绪才能得到有效的转化。

做好自己，坦然看待新老更替

新老更替是自然规律，无论你有多么优秀，总有被他人超越的一天。体育竞技场上如此，职场竞争同样如此。对于每个经理人来说，当看到“后浪”来势汹汹时，难免会惊慌失措和压力重重。

老秦年近四十，是一家外企的市场部副总监。最近，他的直属上司部门总监提出辞职，老秦觉得自己的机会到了，按能力、资历、工作经验，这个总监的位置都应该是他的。他信心满满地等待着公司高层宣告这一好消息。

果然，公司高层找他谈话了，但谈话的内容却不是宣布他升职，只是告诉他，他是总监的备选人之一，部门户另外两个年轻同事也是这次总监人选的考虑对象。这个消息犹如一记闷棍敲在了老秦头上，他满以为总监的位置非他莫属。不过，仔细想想，虽然自己资历老，但相较于另外两个年轻同事，自己的学历显然不高，而且已年近四十，知识比较老化，精力也不如三十出头的年轻人。

想到这儿，老秦心中不禁感到莫大的压力。年轻时，自己也是信心满满，觉得没什么是自己干不了的，可现在……难道自己的能力真的不如年轻同事了吗？自己真的没有提升的空间了吗？这些念头一直在老秦的脑海中盘旋，让他很彷徨。

老秦的经历和心情是很多经理人都遇到过的。年轻同事与自己齐头并进，甚至可能超越自己，变成自己的上司，这不禁让我们感到恐慌。但回顾过去，我们也曾是年轻人，也是一样从普通员工逐渐成长为企业骨干的。新老更替本就是自然规律，只有不断交替更新，才能让团队始终保持生机勃勃的活力。

“老”有“老”的好，“新”有“新”的好。年轻员工朝气蓬勃，充满干劲，但“企业老人”对企业的了解、对全局的把握、丰富的人生经验以及遇事的成熟稳重却是年轻员工比不上的。并不是年轻员工成长起来了，企业老人就失去了位置，企业需要的是所有人共同进步，这也是经理人需要意识到的。因此，不必为年轻的同事忧虑，你只需做好自己，便可坦然对之。

1. 自我暗示，保持自信

经理人应该学会自我暗示，通过自我暗示来激励自己，调节情绪。首先，要找到自己的优势：在企业工作多年，对公司的忠诚度足够高；对公司的情况非常了解；成熟稳重的性格使自己做事更理智，不会轻易冒险和激进，不容易给公司造成损失；在自己的工作领域有了丰富的经验和积累……当你看到自己身上有这么多优势时，你就可以自信地对自己说:“我不怕别人赶超，我相信自己可以做得更好。”

2. 该退则退，人生别有风景

当你感觉疲惫、想要休息的时候，“急流勇退”不失为一种选择。不同的位置有不同的风景，你同样可以享受另一种生活，对工作、对职场、对人生你将会有新的解读和收获，这种感觉难道不令人愉悦吗?

3. 不断学习，保持知识更新

时代在前进、发展、变化，知识当然也要随之更新。后辈和我们比起来，最明显的优势就在于更新的知识、观念和意识。有这么一则寓言故事:

漆黑的夜晚，一头狮子在激励自己：当明天的太阳升起时，我要拼命地奔跑，追上那只跑得最快的羚羊。与此同时，这只羚羊也在给自己打气：当明天的第一道曙光亮起时，我就要拼命地奔跑，这样才能把追赶我的那头狮子甩在后面。

从来就没有永远的能人，再优秀的人才也会折旧。老本总有吃完的一天，若不及时补充知识、更新观念，被淘汰是必然的。

因此，不断学习，做一名“终身学习型”经理人是每个管理者必须要做的事。为了让自己不贬值，时刻拥有强有力的竞争力，经理人必须随时充电，关注新领域、新资讯，保持知识更新，只有这样，才能在面对后辈的强势追逐时充满自信。

职业瓶颈期该如何熬过

经理人一般在某个行业或某个岗位工作多年，已经可以轻松应付工作，职位也上升到一定高度，在他人看来，应该可以满足了。但实际情况却并非如此，经理人也有自己的苦恼。看似状态稳定的背后正暗藏着隐患，多年来停留在一个职位，固然没有退步，但也意味着毫无突破。由职业瓶颈期引发的焦虑，正困扰着越来越多的经理人。

杨帆是一家建筑公司的项目经理，在这家公司已经工作了10年，对这份工作早已游刃有余。但是最近，杨帆对这一切越来越不满意。

不满意什么呢？他在这个行业、这个岗位时间太久了，产生了厌倦感；他对工作驾轻就熟，不需要继续学习、充实和提高，因此有种空虚感；职位虽然上升到一定的高度，但也没有了继续上升的空间，因此有种失落感。这所有的感觉加起来，使他心中有了一种迷失感，觉得没有了目标和斗志。杨帆现在就可以看到自己以后几十年的生活，难道就这样一直到退休吗？

有职业瓶颈期困惑的人一般是对自我要求很高的人，他们不甘心自己就这样止步不前，希望还能有所突破。因此，他们渴望改变，想打破这停滞已久的状态，但打破习惯已久的工作和生活状态，对即将到中年的大多数人来说，似乎又有些冒险。所以，他们会犹豫、纠结，并因此而烦恼。

那么，该如何解决这其中的矛盾？是就此沉浸在安逸的环境中，还是大胆冲破心中的藩篱？这两种做法其实都是对的，该如何权衡，我们可以一起理一理思绪。

1. 重新审视当下的生活

职业瓶颈期其实很正常，就像婚姻有“七年之痒”一样，做一份工作时间久了，也会有“痒”的一天。经理人首先要明白，出现这样的情绪很正常，不必过分担忧。其次，要静下心来，重新审视一下自己的工作和生活，想想自己要的是什么，目前的生活和工作是否在朝向这个目标前进。

也许，这样的思考不是短时间内能完成的，目标也不是一时半会儿能找到的，但没有关系，你可以一边工作一边慢慢思考；也可以暂时休息一段时间，换一个环境；还可以和亲朋挚友聊一聊，让他们帮你理清思路。

假如你发现自己正趋近目标，那么你只需调整自己，无需跳出当下的生活；假如你发现自己已经偏离想要的生活，甚至对当下的生活非常厌倦，不妨做出改变。

2. 考量是否选择跳槽

要想摆脱职业瓶颈期带给你的负面情绪，不妨做出彻底的改变：跳槽。但是，跳槽也不能随便跳，要想好自己是换公司、换岗位，还是要转行。如果只是换公司，那么新公司能不能让你大展拳脚，能不能让你有更大的发展？不要从一个瓶颈又跳到另一个瓶颈里。如果想转行，就要慎重，要考虑自己能否承担从头再来的压力与落差。最重要的是，你能否承受跳槽或转岗失败的结果。在改变之前，你需要将这些方面都考虑清楚，不能盲目。

3. 改变心态，不再纠结

在重新审视自己之后，有一部分经理人就会发现，自己的能力已经基本上得到体现，自己的不满足纯粹是因为“这山望着那山高”，若辞职或做出其他的改变，付出的代价过大，结果也未必比现在好。如此，莫不如干好目前的工作。

当你改变了心态以后，就会发现，原来的工作没有那么烦了。熬过瓶颈期，不仅是自己突破瓶颈期，也可以是改变自己的心态，让瓶颈消失，你纠结的情绪同样可以得到转化。

4. 丰富业余生活

人生要追求的不只是工作上的成就，让自己成为一个身心健康、精神丰富的人，当一个好儿子、好爸爸或者好妈妈都是一种成功，都可以让你感受到愉悦和幸福。因此，重新思索人生的意义，不把工作当作追求的唯一目标，丰富业余生活，也可以助你熬过瓶颈期，让你重新开朗、快乐起来。

做高级打工仔还是自己创业

小黎在一家大型广告公司工作已有10年的时间，做设计部总监也有5年了，这份工作他做得顺风顺水。然而，最近他有了新的想法，他想辞职，成立自己的公司。

刚萌生这个想法的时候，他自己也吓了一跳。因为创业是一件非常冒险的事，他一直觉得一个整天闷头搞设计的人不适合做老板。但是，看到他自己的设计给公司创造了高额的经济利益，他有点动心了。但同时，小黎也知道，自己的管理能力和社交能力都比较薄弱，成立一家公司需要承受的压力有很多，自己能够担起重任吗？

很多人在职场打拼多年，积累了一定的经验和财富后，都会萌生自主创业的想法。创业固然充满了成功的诱惑，但同时也意味着你要独自承担多方面的压力和风险，是继续在原有的岗位上精进还是自主创业，在做出决定之前，你必须想好以下几个问题。

1. 更喜欢稳定还是更喜欢冒险

经理人是否选择创业，首先要看一看自己的性格是更喜欢稳定还是更喜欢冒险。有的人天生就不喜欢冒险，比较保守，更喜欢按部就班地生活，如果这种性格的人选择了创业，必然会觉得非常辛苦，即便成功了也体会不到太大的快乐。那么，不如继续原本的工作。

2. 是否已经对承受艰辛做好准备

做经理人，你有独立的办公室，优越的办公环境，良好的福利待遇；而创业初期，你可能只有简陋的办公室，不断拨款的账单，从公司注册、成立到正常运转、赢利，这一过程是很漫长的，艰辛也显而易见。能不能承受创业的艰辛，你在选择创业之前就要想好。有了心理准备，才能在将来遇到困难时不轻易放弃。

3. 能否承受最坏的结果

做出任何选择的终极标准都是当事人能否承担最终的结果。创业者要负责一个企业的盈亏和所有员工的饭碗，要投入大量的人力、物力和资本。一旦创业失败，你需要承受的不仅是心理上的打击，还有打工多年辛苦积攒下来的资本，甚至有可能背负巨额债务。做好最坏的打算，才能有勇气面对最坏的结果。不要盲目自信，也不要强迫自己做做不到的事，你要对自己和自己的公司都抱有慎重的态度。

如何应对年龄恐慌

在每年的庆生会上，你是否一边吹着蜡烛，一边在心里感叹：“又老了一岁。”对很多经理人来说，青春已经逝去，额头的皱纹也清晰可见，身体状况、精神状态每况愈下，每当审视当下，总有种“时不我待”的恐慌感。

林海今年40岁，在某公司做部门经理。她已经在这个行业工作近16年，在经理职位也已经5年。当初，林海是年轻人中的佼佼者，所以工作上很顺利，一路升迁，深受领导器重。

但随着年龄的增长，林海开始感觉精神不济。家庭琐事多了，她放在工作上的精力自然就少了，所以在工作上没有做出更大的成绩。5年了，她的职位一直没有变过。

看看周围朝气蓬勃的年轻人，她总有一种失落感，新人不断进来，自己的地位发生了微妙的变化，领导不再交给她重要的工作了，她感到自己的价值在慢慢丧失。

现在的她特别敏感，不敢听别人谈有关年龄的话题，也已经好几年不愿意过生日了，每天早上起床都不敢仔细照镜子，生怕看到眼角多了皱纹，头上多了白发。

林海不是个例，在职场中，“年龄恐慌”的问题始终存在。对于经理人来说，因年龄而产生的恐慌一般表现在三个方面：

1. 定位恐慌

初入职场时会有一次职业定位，工作 5—7 年后可能会调整职业定位，此后一般会固定下来，到了 40 岁左右会再次出现定位恐慌。因为这时我们在一个行业或一个职位已经固定多年而没有变化，潜力也挖掘殆尽，随之会产生自我怀疑和自我否定的恐慌感，甚至有人还会在这个时候发现现在与最初的设想偏离太多，需要重新选择定位。

2. 竞争恐慌

随着年龄的增长，拥有的诸多优势已经逐渐失去，如年龄优势、学历优势、知识层面的优势。这种失去让人有一种即将被替代的恐慌感。

3. 婚育恐慌

婚育恐慌多发生在女性身上，她们挣扎在要不要生孩子的艰难选择中：要孩子，怕回来后失去现有的职位；不要孩子，怕错过生育最佳期。职场竞争之残酷，从来不会因性别而有所区别。为了生存和发展，职场女性与男性一样，只能强势前行。只是再强悍的女性也无法忽视自然规律，因此职场女性更容易患上婚育恐慌。

这三种恐慌造成了经理人强大的心理压力，那么我们该如何正确应对年龄恐慌，让自己从负面情绪中解脱呢？

1. 直面自己的年龄以及遇到的危机

年龄增长是客观事实，是每一个人都要经历的过程，与其躲闪回避，不如承认和接纳。面对任何问题，你越躲闪、越否认，压力就越大，直面和承认才是让自己不再恐慌的第一步。

2. 发现新优势，保持自信

既然过去的优势不再明显，那么不如重新发现现在新的优势。不拿自己的弱势与他人的优势做比较，看到自己的进步，这会让你的心踏实起来。

3. 为职场生涯做总结和规划

平心静气地想想自己前些年有没有虚度，再想想未来真正想要的是什么，如何才能达到目标，需要花费几年的时间。明确目标后，再列出具体的可行性计划，如此便没有时间再为年龄恐慌了。

4. 平衡家庭与生活

经理人一般处于上有老、下有小的状态，如何平衡家庭与事业是他们需要面对的问题。生活是生活，工作是工作，你看重哪个就多对哪个投入时间和精力，不要奢望两头兼顾又两头都做不好。看重工作的人，要记得适当放弃加班，多陪伴家人；看重家庭的人，要记得不可因家庭琐事而耽误任务的完成，倘若无法兼容，要及时做出改变。同时，经理人需要学会将生活和工作分开，切勿将两者的情绪相互传染。

第六章 ／ 如何将坏情绪转化为正能量

情绪没有好坏之分，负面情绪也有正面能量。空虚、失望、紧张、自卑、焦虑……这些看似困扰我们的情绪，其实也可以成为我们努力奋斗的动力，关键在于我们是否懂得转化。

将空虚化为充实自我的正能量

“我根本不知道自己适合做什么，我没有工作目标。”

“这份工作什么都学不到，上班太闲了，完全就是在混日子。”

“这辈子难道就这样？在工作上再没有任何提升？这简直是虚度光阴！”

……

眼神迷离、长吁短叹，只恨时间太慢、日子太长，这是空虚的人共有的特点。空虚让人情绪低落，精神萎靡。忍受空虚，其实是在荒废自己。我们不该放任时间从身边溜走，不能在空虚的等待中与机遇一次次擦肩而过。我们要学会将空虚转变为充实自我的正能量。

李楠是一家公司的普通员工，她并不喜欢这份工作，待遇不高，但胜在工作清闲，每天有大把的闲暇时间。她觉得自己的状态和一个退休的老人差不多，她体会不到价值感，强烈的空虚感让她每天都陷入纠结中。

李楠常常问自己："我该怎么办？"

一个声音说："现在的工作清闲，你应该好好享受。"

另一个声音说："你不能再这样混日子了，再这样下去，你这辈子会一事无成！"

反复的权衡下，李楠决定做出改变。她报考了一所大学的中文系本科，她要学习，要充实自己！这以后，李楠的精神状态变了，上班比以前有劲了，下班不再四处溜达，晚上也不把时间消磨在电脑前了，她把所有的业余时间都用来学习、读书、写作。

三年后，她拿到毕业证书，顺利成为一家杂志社的编辑。这份工作不仅有优渥的待遇，重要的是能发挥她的特长，她每天都工作得很快乐。

三年前的李楠和现在的李楠简直判若两人，之所以会有这么大的转变，就在于她没在空虚的情绪里沉溺，而是跳了出来，将空虚转化为充实自我的动力。只要你不安于现状，不去忍受空虚，你的生活也会发生积极的转变。不要认为这是很难的事，下面几条建议可以帮助你。

1. 给自己定一个目标，避免无所事事的心态

没有职业目标，不知道自己适合什么工作，更不知道自己的能力和潜力有多大，生活把他们赶到哪个位置，他们就在哪里待着，这样的人当然会空虚。找到目标是走出空虚的第一步。你需要结合自己的特性、爱好、理想，树立一个职业目标，并制定合理的职业发展计划。当目标无法理清时，你可以向朋友寻求帮助，或是找职业规划师帮忙。

2. 学习、充电，充实自己的生活

找到职业目标后，你需要即刻付诸行动。你可以读书、报考学习班、兼职或是向其他同事请教等，学习的技能要和你的大目标一致。

学习的过程会让人感到充实、满足、有成就感，学习填补了你无所

事事的时间。当你学有所成，在职业生涯上有所进步时，你会惊叹正能量的巨大作用。

将失望化为自我调整的正能量

“我希望我的月薪在半年内达到5000元！”

“我一定要在3个月内成为这个行业的佼佼者！”

“我的目标是3年内做到部门总监！”

……

每一个职场人都有自己的期望和目标。有目标，才会有动力，才能不断进步。然而，现实总是与期望存在落差。当目标无法实现时，失望、悲痛等情绪席卷而来，使我们丧失了原有的工作激情。

实际上，失望这一负面情绪也有积极的启示作用。失望就意味着你前一段时期努力的程度或方向存在问题。我们需要在失望的提醒下自我反思，主动调整自己的状态或工作目标，将失望转化为正能量。

乔雨在一家大型公司任主管。她平时工作踏实认真，很少出现差错，深受上司的信任。这次，她所在部门准备增加一个副经理职位，要在部门员工中挑选合适的人。她期望自己能够凭借平时的工作表现以及领导对她的认可获得这个职位，然而最终的结果却令她大失所望，另一位资历比她深的同事成为部门经理，她落选了。

乔雨不理解上司的做法，她觉得自己在工作能力上更胜一筹，因此她迫不及待地找到领导，说出自己的想法。

领导是这样回答的:“你们两个人能力不相上下，我们也考虑了很久，但考虑到他在这行工作时间更久，经验更多，对开展工作更有利。你再磨炼两年，还有机会。”

领导的话让乔雨冷静了很多——自己虽然执行力比较强，但行业经验和宏观把控的能力确实不如同事。看来是自己太高估自己了。想到这里，她不再难过了，而是重新投入工作，依然像以前那样努力，但不再总是想着升职的事。她积极配合经理的工作，并开始暗地里学习他身上的优点。

两年后，部门经理辞职，乔雨被升为经理。她很庆幸自己在当初感到失望时没有一蹶不振，而是迅速调整自己的情绪和目标，并将它们化为促使自己不断进步的动力。现在，她也常告诉自己的下属：失望、失落没有什么可怕，只要我们能将它们合理转化，那么所有问题都迎刃而解。

面对期望落空，乔雨也曾感到失望，也一时无法接受。但她没有抱怨，也没有消极，而是迅速从自己身上找原因，并立刻转变心态，调整工作期望，并以更大的热情投入工作，最终获得比当初期望更大的收获。然而，我们很多人却不能像乔雨一样将失望转化为正能量，而是在失望之余变得消极、怨天尤人、自暴自弃，长时间无法走出这种心理落差，也因此停止了前进的脚步。所以，当期望落空，失望产生时，你需要：

1. 看到自己的缺点和不足

期望落空，第一时间别抱怨，先想想期望为什么会落空，自身欠缺了什么，是执行力还是管理能力，是表达能力还是与人相处的能力，是经验不够丰富还是性格原因。找到自己的不足，你才能坦然面对失去的机会，并改变前进的方向，失落感将迅速被奋进感取代，负面情绪得以快速转化。

2. 调整自己的工作目标

不合适的目标往往会影响我们的情绪和工作的积极性。当发现目标太高时，及时调整，才能保证自己获得想要的结果。通过对目标的调整，我们的奋进感有了切实可行的方向。这个时候，我们渴望的正能量就能被转化为行动。

3. 朝着目标不断进步

要想看到正能量的巨大效应，你必须持之以恒地朝着目标前进，让情绪不被干扰，每天不断进步。只要目标合理，不需要多长时间，你就能收获丰硕的果实。这个时候，你体内正能量的巨大效应将会让你激动不已。

将紧张化为提高效率的正能量

工作中，你一定有过这样的经历："怎么办？就剩一个星期了，我的工作怕是完不成了……"在这种紧张的情绪下，你开始烦躁、慌乱，还会在忙乱中出错，一出错便更加紧张："本来就完不成，现在还得重来。"有的人甚至因过度紧张而干脆放弃了任务："算了，这么紧张什么也干不成，不干了。"

紧张会完全打乱工作状态，使人说话紧张、思维紧张、行为紧张、工作氛围也变得紧张。如果不能有效转化紧张情绪，每次临近最后期限就慌手慌脚，我们又如何成长为企业不可或缺的员工呢？

韩青在一家杂志社工作，她很喜欢这份工作，唯一让她心焦的就是经常有突如其来的赶稿任务，每次的突发任务都让她感到紧张，并给她带来很大的精神压力。她一紧张就会思维枯竭，连敲键盘的手指都不灵活了。

最近，领导又让她在一星期内交出三篇高质量的稿子。"这可怎么办？"她想，"我不能再像以前赶稿子那样紧张兮兮，觉也睡不好，饭也没时间吃，最后稿子的质量也不见得好。我要改变自己的工作方法。"

想到这，韩青再次拿起那三篇稿子。她先思考这三篇稿子的立意，然后分别列出提纲，理清思路，并计划好一天要完成多少。做完这些，她心里有了大致的准备，然后立刻动手写。因为思路清晰，再加上时间紧迫，她写得非常投入，竟然在规定的时间内顺利完成了工作。

稿子交上去之后，主编很满意。韩青心里想："如果不是感到紧张，我也不会调整工作方法，工作效率也不会这么高。看来，紧张一点也有好处，它完全可以转化为提高工作效率的正能量。"

紧张的情绪能够激发大脑的活跃度，促使我们调集所有精神应对当下的任务，进而提升工作效率，这在心理学中被称为"最后通牒效应"。相反，在时间宽松的情况下，人容易变得懒散，本来可以完成的任务反倒完不成了。所以，适度的紧张情绪有助于激发潜能，提升工作效率和质量。我们需要做的就是像韩青一样，面对紧迫任务时迅速剔除焦虑、担忧，将它转化为提升效率的正能量。

1. 研究工作周期，合理规划工作时间

时间紧迫是造成情绪紧张的主要原因。为此，你可以事先做出计划。比如，两个星期内要完成的工作，每天需要做多少，需不需要加班，加几次班才能完成。对工作时间了然于胸，有助于缓解紧张情绪。

2. 找到令自己舒适的工作方法

有些人喜欢先做难度大的工作，觉得这样后面会相对轻松；有的人则喜欢把“难啃的骨头”放在后面，觉得这样自己效率更高。找到令自己舒适的工作方法，才能乐于完成工作。对工作不能抱着死脑筋，条条大路通罗马，适合自己且不影响他人的就是好的工作方式。

3. 放下对结果的思考，将注意力投入工作中

过度考虑结果会让你无法专注于任务，反而更加焦虑。所以，未到最后时刻，不必思考未完成任务将会带来怎样可怕的后果。将注意力专注在任务上，并坚信自己能够在规定时间内完成，这会有利于活跃解决问题的思维。当你一鼓作气完成任务后，就会发现：“其实之前的紧张情绪在投入工作时根本体会不到！”唯有投入，你才不会被紧张的情绪所束缚和困扰。

将自卑化为拼搏的正能量

世界上有从来不曾自卑过的人吗？古希腊演说家戴蒙斯·赛因斯因小时候患有口吃而自卑，美国总统罗斯福因患有小儿麻痹症而自卑，哲学家尼采因身体羸弱而自卑。但是后来，他们都成为各自领域的佼佼者。为什么这些自卑的人能获得如此大的成就？原因很简单，他们从自卑处获得积极的正能量。

《超越自卑》的作者、著名心理学家阿德勒认为，人的一生都伴随着自卑感，之后需要用一生的时间去提高自己的技能、优越感和对别人的重要性。可见，自卑可以成为人拼搏的理由，卑微里有不容小觑的力量。

我不如别人，我自卑，所以我不停地努力。

当年我从郑州到国家队的时候，得不到任何人的肯定，他们都说1.5米的我不可能打得多好。面对众人的否定，我非常自卑。但我从来就不是个容易认输的人，自卑永远不会阻止我前进的脚步，只会成为我不断拼搏的正能量！

为了证明给他们看，我没日没夜地刻苦训练。我先天条件不足，别人允许自己有失败的机会，但我不允许，我只能赢。所以我打球凶狠，那是因为我打球时内心有一种正能量让我必须爆发。后来我成了世界冠军。

退役之后，我进入清华大学学习英语，别的同学都学了好多年的英语了，我连26个英语字母都认不全，我特别自卑。但我想起我打球时的情形，我打球能赢，学习也能学好，于是我又有了能量！我每天5点准时起床学习，一直学到晚上12点，我全身心地投入学习，终于顺利拿到了毕业证书。

清华大学毕业后，我又到英国诺丁汉大学和剑桥大学学习，在那里我更自卑。周围的同学几乎全都比我优秀，我曾经取得的一切成绩现在都成了零，我自卑得不得了。但我体内的正能量又在这一刻爆发！我继续苦读，终于获得了英国诺丁汉大学中国当代研究专业硕士学位和剑桥大学的经济学博士学位。

回想这一路的历程，我从来都不否认自己是个自卑的人，但我从来都不惧怕自卑，反而会从自卑中获得人生挑战的动力！

这是乒乓球世界冠军邓亚萍的自述。自卑伴随着邓亚萍，但她从不曾被自卑打倒，正好相反，她一次次打破成功的记录，又一次次从自卑出发，获得新的、更大的成功。反观职场，很多职场人都缺乏这样从自卑中超越自己的特质。

领导把一项重要的工作交代下去，他们说:“这个我不行，还是给其他同事吧。”被同事鼓励参与职位竞争，他们说:“还是算了吧，我哪行呢!”看到自己的朋友在职场上顺风顺水，心里想:“人家就是比我强，就是把我放到那样的位置上，我也未必干得了。”其实，他们并非真的没有能力，更多的是以自卑作为懒惰的借口。

战胜自卑，从改掉说“不”的习惯开始。自卑的人习惯自我否定，认为自己事事都不行。自卑太容易了，只要从嘴里吐出个“不”字，就可以免掉许多奋斗的辛苦和失败带来的打击。但是，如果你总是对自己说“不”，你的职业生涯将永远停留在这一刻，只能羡慕着别人的成功，哀叹着自己的无能。所以，把对自己说“不”的习惯改掉，改为:“我试试看!”“我尽力去做!”“我一定可以。”积极的自我暗示将推动你去拼搏奋斗，超越自己。

不肯向前一步，便永远不会抵达渴望的理想之地。将自卑转化为拼搏的正能量，你才能摆脱束手束脚的枷锁，始终谦卑前行。

将嫉妒化为超越他人的正能量

英国哲学家培根说:“嫉妒这恶魔总是暗暗地、悄悄地毁掉人间的好东西。”的确，嫉妒是一剂可怕的毒药，它的毒性足以扭曲我们的理智和美好心态，让我们痛不欲生，做出追悔莫及的事来。

职场中，惹人嫉妒的情绪也存在：无法容忍别人的工作能力比自己强，无法容忍同事比自己的职位高、薪水多，无法容忍竞争对手的实力比自己强大，害怕别人得到自己无法得到的成绩、名誉、地位等。假如职场人不能有效调整情绪，而陷入无意义的攀比中，那么工作和生活都会变得糟糕；相反，假如职场人能够将嫉妒转化为超越他人的动力，那么不仅不会有损于他人，还可以让自己获得成长。

欣晴是一家 IT 公司的高级职员，她优雅大方，聪明能干，很受大家的喜爱。

最近，公司新来了一个女孩。这个女孩于毕业名校，外形靓丽，性格开朗，工作能力也很强，很快就和公司同事打成一片。这个女孩的出现让欣晴有些欣赏，也有些失落，甚至有些嫉妒。但欣晴没有做出什么不理智的行为，而是暗暗对自己说："我要向她学习，比她更加优秀。"

自此之后，欣晴不再关注这个女孩的动向，而是把所有精力都用在工作上。因为她本来就有丰富的工作经验和较强的能力，再加上愈发努力，很快就在工作上取得飞跃式进步，三个月后就被提升为部门总监。

欣晴突然发现，她对女孩的嫉妒心不见了，随之而来的是无比的自信。现在，她非常感谢这个女孩的出现，因为有了她，才有了那个努力的自己。

思想家罗素曾经说过：嫉妒的一部分是一种英雄式的痛苦的表现。面对嫉妒，人们犹如在黑夜里盲目地摸索，也许会走向死亡与毁灭，也许会走向一个更好的归宿。想要摆脱前者，赢得后者，就必须学会把忌妒化为超越他人的正能量。

1. 找到自身长处，改进自身缺陷

与其说是他人的优秀妨碍了你，不如说是自己的关注点发生了偏离，自愿从正常的轨道滑落，自毁前程。所以，你需要将目光从他人的身上移开。你才是最值得自己关注的，也是最值得自己投资的。关注自己的优点，告诉自己“我也很好”；冷静分析自己的缺点，充实自己的能量去超越同事，使原先不能被满足的欲望得到补偿，这才是你应该做的。

2. 将对方视为目标，学会取经

不妨把嫉妒化为强烈的事业心和企图心，对未来充满憧憬。从小事做起，从实处做好，把他人的优秀之处当作我们的目标。比如，看到同事总是可以提前完成工作，不妨去学习他的方法，甚至主动求教。没有人会排斥别人的求教，当你从同事的身上学到更优秀的方法，提升了自身能力时，你又怎会对他人产生嫉妒之心？

将焦虑化为改变的正能量

在竞争日趋激烈的时代，焦虑成了一种再普通不过的情绪病。公司倒闭了，怎么办？丢了工作，怎么办？工资低又没有其他社会保障，老了可怎么办？……生活从来不缺少焦虑的理由。有人因为焦虑而长期失眠，有人因焦虑而丢三落四，有人因焦虑而患得患失，也有人因焦虑而消沉低迷。

真真大学毕业后在一家大型公司做出纳，工作环境优越，福利待遇优厚。不知不觉，她在这家公司已经工作了两年。这两年间，她的工作内容没有变化，职位没有提升，工资也没有增加。不仅如此，大公司的业务非常多，她和同事每天都很忙，她有心想学点东西，却没有时间和机会。自己就像公司其中一台机器上的小齿轮，每天没有目的地、无意识地转着。

渐渐地，真真对自己的未来感到焦虑。长期没有任何改变的生活，让她觉得生活无意义，每天都像在浪费青春。对她来说，这份工作已经成了“鸡肋”——食之无味，弃之可惜。

在这种焦虑情绪的影响下，她工作没了劲头，生活也失去了乐趣，甚至会为一些小事和同事、家人发生争吵。真真很害怕再这样下去，自己会做出更过分的事情。因此，她报考了会计师的考试，并开始留意网上的招聘信息。三个月后，拿到会计师资格证的她跳槽到一家小公司做会计，虽然工资和她原来差不多，但她并不在乎，她觉得现在的自己每一天都充满了干劲。

现代人尤其是职场人，总是处于一种焦虑的状态：工作不稳定，没有安全感，我们焦虑；工作太安逸，没有提升的空间，我们焦虑；工作总是做不完，没有休息的时间，我们焦虑；工作太悠闲，时间无法打发，我们也焦虑；没钱焦虑，有钱也焦虑。焦虑就像一个不速之客，随时随地都来拜访我们。长期的焦虑给我们的身心带来了诸多不利的影响。

既然焦虑无法回避，那么又该如何应对呢？我们都熟悉一句话：“生于忧患，死于安乐。”它的意思是：人若活得太舒服，就会失去奋进的斗志。适当的忧虑会促使人做出改变，不断进步，获得生存和发展的空间。焦虑的意义就在于，它能促使我们在未知的暴风雨来临之前就做好相应的准备。那些从不焦虑的人是没有办法在严酷的职场竞争中生存下来的。我们需要合理利用焦虑，使它对我们的人生产生积极的助力。

1. 找到焦虑的根源

焦虑不会因为你视而不见，让自己变得麻木而就此消失。与其被动地等待焦虑过去，不如主动寻找令你焦虑的原因。是工作本身令你焦虑，还是工作方法不当令你焦虑？是事情本身存在问题，还是你对事件的看法出现了偏差？理清源头，才能对症下药。

2. 不要长期处于焦虑的情绪中

任何一种情绪都不能在自己身上停留过久，任由它左右你的心情，这给工作和生活带来不利影响。即便不能马上改变令你焦虑的事由，也应该采取一些措施让自己暂时摆脱焦虑。比如，可以和同事聊聊天，获得一些共鸣；或者暂时脱离工作，转移一下目标。

3. 做出改变，切断令自己焦虑的根源

要想彻地消除焦虑，化焦虑为正能量，唯一有效的办法是做出改变，切断令自己焦虑的根源。如果工作本身令你焦虑，那么你就尝试换工作；如果是为和同事之间的人际关系焦虑，那就反省一下自己有没有什么做得不当的地方，尝试和同事沟通；如果是为未来焦虑，那么现在就开始充电，提高自己的能力，为将来做准备。如果这些情况都没有，纯粹是自己在无端焦虑，那就要改变自己的心态。只有切实地做出改变，才能换来期望的结果。

将压力化为动力的正能量

职场人压力大，压力源众多：工作、人际关系、职位薪资……凡此种种，犹如泰山压顶，让我们喘不过气来。有人被压力压趴下了，身心疲惫、情绪崩溃，甚至以结束自己的生命来逃避压力。

其实，真正让我们倒下的并不是压力，而是自己倒塌的精神世界。在面对压力的时候，如果我们的精神世界越来越垮，那么压力就会把我们压倒在下面。但是，如果你能在压力铺天盖地到来的时候，鼓足勇气，顶住压力，那么压力也可以成为机会。

茱莉失业了，又刚刚离婚，还独自带着两个孩子，压力可想而知。在投资小本生意失败后，她带着两个孩子回到家乡洛杉矶。

有一天，她去市场选购夏威夷罩袍，发现这些服装只有一种尺码，同时花色非常呆板，缺少变化。这种罩袍需求量很大，但市面上的质量都不够好，一点也不适合特殊的场合穿着。茱莉意识到这是一个机会，决定改良这种产品，满足人们的多样需求。

她用仅有的100美元资金开始在家里为别人改缝她设计的衣服，因为聘不起工人，她只能自己没日没夜地干。她改缝的衣服美观、实用且风格独特，很快就受到人们的欢迎，茱莉的生意也越做越大。

没有任何一个人的生活不艰辛，压力与我们如影随形，是被压力就此压垮，还是在压力面前奋力一搏，皆在于你的选择。其实，我们远没有自己想象的那样脆弱。只要你愿意，总有办法让自己克服压力，重新获得力量。

1. 找到动力源，化压力为动力

茱莉之所以能那么快振作起来，就在于她是两个孩子的母亲。身为母亲，她必须坚强，成为孩子的保护伞。每个人都有自己需要保护的、在乎的人或事，可能是自己的家人，也可能是需要维护的荣耀、职责，或者干脆只是为了争一口气。这些都可以作为你的动力源，让你找到抗压的支点，有继续走下去的动力。

2. 压力面前，暂时地弯腰

压力来临时，我们可以暂时弯下腰。暂时回避令你感到压力的源头，或者与他人分享你的压力，可暂时缓解压力带来的负面情绪，当我们再次直面压力时，才会更有力量。弯下腰的那一刻，也是我们蓄势待发的时刻。

将痛苦化为涅槃的正能量

职场上的纷争让你心灰意冷，工作上的失败让你沮丧颓唐，于是你萎靡不振，对世界悲观失望，认为人生不过如此，理想、前途都是无稽之谈，那你就未免太过脆弱了。

人生的境遇本就时高时低。纵观历史长河，谁没有痛苦的时刻？屈原被楚王放逐，他不痛苦吗？司马迁忍受宫刑耻辱，他不痛苦吗？孙膑遭遇断腿之痛，他不痛苦吗？林肯曾经50次参加考试，没有一次通过，他不痛苦吗？著名演说家、畅销书作者尼克·胡哲天生没有四肢，他难道不痛苦吗？然而，痛苦却没有将他们击溃，反而令他们涅槃重生。职场中，没有谁能始终身处上游，别因一些挫折而怀疑自己、痛恨人生。

三年前，李晶进入这家外资公司，通过自己的努力，如今已是这家企业的部门经理，在业内也小有名气。然而，三年前的李晶可不是现在这副意气风发的样子，而是一个因失业而痛苦迷茫的普通女孩。

大学毕业后，李晶在老家一个小公司做业务员，但做了没多长时间就因工作中出现较大失误而被公司辞退了。李晶的家乡地方小，工作机会相对少，找到一份合适的工作很不容易，没想到因一个失误就丢了工作。那时候的她非常迷茫和无助，甚至觉得自己这辈子都没了希望。

但是，在短暂的痛苦之后，这个骨子里透着坚强的女孩振作了起来。她想：自己还年轻，总不能一辈子困在这里，她要到外面的世界闯一闯！想到这里，李晶突然释然了，她立刻收拾行囊，开始了追逐梦想的旅程。她虽然吃尽了苦头，但也熬出了头。

一味地陷入痛苦的情绪中不可自拔，我们又何谈去改变，何谈获得梦寐以求的生活？巴尔扎克曾说过："痛苦对于天才是一块垫脚石，对于能干的人是一笔财富。"实际上，痛苦并没有那么夸张，只要你能看清它，那么痛苦就不会影响到你。别总想着痛苦会把自己击倒，因为每个人都会遇到困难。如果我们能够转换思维，那么痛苦反而会促使我们进步。

1. 不要想着逃避，勇于面对才能及时调整

想要不被痛苦困扰，就必须学会面对它。坦承你所面临的痛苦，以及你的弱小、胆怯、缺陷，这些会令你难过甚至绝望，但同时，你也将获得治愈自己的力量。要记住，痛苦也好，幸福也罢，这就是生活本来的样子。接纳它，我们才能不再被它折磨。

2. 告诉自己，没什么过不去的

痛苦并非不可战胜，只要告诉自己："没什么过不去的！"

唐平在唐山大地震中失去了父母。很多人都觉得，唐平将会沉浸在痛苦的情绪中无法自拔。然而，唐平却表现得极其坚强。懂事的她从小读书就很勤奋，几年后以优异的成绩考取了北京一所高校。

但是，灾难并没有就此远离她。就在她进入工作岗位的第二年，她在体检时被查出是乙肝病毒携带者，单位立刻将她辞退了。唐平只能边打零工边攒钱治病。三年过去了，唐平因为出色的工作能力，又获得一

家大企业的认可和聘用。

朋友和家人都很惊讶，为什么唐平能做到这些。唐平说："这些灾难当然也对我产生了影响，可是当我难过后，我就会对自己说：没什么过不去的。我能从大地震中幸存，说明上天对我很眷顾，我不能辜负上天对我的厚待。"

其实，将痛苦转化为正能量，有时候就是这么简单。每天起来，对着镜子告诉自己："没有什么能击倒我，只要我能积极一点，这些困难反而会帮助我点燃自信和激情，体验挑战的乐趣！"这样一来，你不就做到了积极地迎接生活吗？痛苦可以成为我们的财富，让我们的心灵更加充实，意识到这一点，负面情绪就能得到转化。

第七章 ╱ 如何疏导积压的负面情绪

有了不良的情绪，却不知道该如何疏导和缓解，不懂得及时转化，这只会让负面情绪泛滥成灾，让我们愈加痛苦。其实，疏导负面情绪的方法有很多，找到适合自己的，不断实践，你的情绪定能有所改善。

发发牢骚，缓解负面情绪

心情不好的时候，谁都会叨唠几句，发几句牢骚。不过，爱发牢骚的人似乎并不被大家喜欢，他们常给人一种不成熟和缺乏修养的印象。所以，一直以来，人们都把发牢骚作为一种不好的行为加以克制。但实际上，发牢骚有助于人宣泄情绪，爱发牢骚的人寿命也更长。女性的平均寿命比男性长，就跟女性爱唠叨不无关系。

宁宁从事的是销售工作，每天需要面对不同的客户，工作压力大，回到家就爱发几句牢骚，有时怪客户难缠，有时怨工作太累，有时说新来的同事太难相处。老公看她总是发牢骚，就对她说："要不你别去上班了，回家，我养你。"

谁知宁宁却说："不上班怎么行，那多空虚啊！我发牢骚是一种减压的方式，唠叨几句能够宣泄心中的怨气，不至于产生抑郁情绪，并不代表我不想上班。”

老公听后觉得她说得很有道理。自此以后，每当宁宁发牢骚时，他都会微笑地听着，不急也不恼。

生活中有很多不如意的事情，会导致我们产生怨气和意见，而且这些事情通常还要反复面对，于是就只能通过发牢骚的方式来疏解。发牢骚和倾诉一样，都是把自己的情绪说出来。发牢骚不一定是为了解决事情，更多的是一种发泄。发泄过后，我们才能用平静的心情再次面对生活。

心理学研究证明，时常发点牢骚反而有助于控制情绪，因为发牢骚时人体肾上腺素的分泌会提高。但是需要注意的是，发牢骚也得把握好度，否则就会过犹不及。

1. 发牢骚切不可过度

你可以偶尔唠叨、发牢骚，切不可事事抱怨。此外，还应该避免就同一个问题反复发牢骚，否则肯定会招致他人的厌烦。

2. 要注意场合

发牢骚要在非正式场合，千万不要在办公室等公共场所，如果是在客户或领导面前发牢骚，那结果就背道而驰了。

3. 要看对象

发牢骚的对象应该是对你友好、熟悉的人，这样的人能够理解你的感受，与你产生共鸣，也会及时给你安慰。对一些不够了解你的人发牢骚，一般会适得其反。

一声叹息，赶走负面情绪

叹息和发牢骚一样，长期以来被人们认为是消极的表现，所以许多人为了不让他人看出自己的脆弱，就会把这声叹息压在心里。殊不知，这种方式维护了自己在他人心目中的印象，却损害了自己的健康。

我们感到身体寒冷的时候，会忍不住打寒战；在身体困乏的时候，会忍不住打哈欠。叹息和寒战、哈欠一样，都是身体的一种自然反应。当你忍不住想要叹息的时候，就是需要发泄情绪的时候。曾有医生通过实验测试出，叹息过的人的呼吸和心跳都变得慢了，心理紧张状况也暂时得到改善。北京大学医学院也做过类似的调查，结果发现，相对从不叹息、有事都憋在心里的人，适当叹息的人平均寿命要多出4—5岁。可见，无论是从生理学还是心理学的角度来看，叹息对健康都是有益的。因此，当我们碰到无奈或无力解决的问题时，不妨叹息一声，叹息过后，心情会舒服很多。

需要注意的是，叹息不是万能药，并不能解决一切烦恼，凡事都叹息也存在很大弊端。

1. 不能让叹息成为习惯

李阿姨和老伴是同一家国有企业的职工，近年来厂子效益不好，工厂准备实行“下岗分流”制度。李阿姨和老伴都担心自己年龄大了，又没有特长，很可能在被“分流”之列，于是整天提心吊胆的。每次和亲朋提起这事，他们都忍不住叹气。除了为工作叹气，李阿姨还经常为家里的事情叹气：和儿媳妇有了摩擦，她叹气；小孙子不听话，她叹气；买菜价高了，她也叹气。她说话总是带着叹息声，身边的亲戚朋友都不愿意跟她聊天，因为说完自己的心情也会不好了。

叹息若成为习惯，就会惹人厌烦。因为你一叹息，别人就知道你碰到难解决的事了。总是叹息，别人就会觉得："你怎么那么多问题，怎么什么事都解决不了。"而且，情绪是会传染的，总是叹息就会把自己的负面情绪传染给他人，同时也给自己一种暗示："我无法解决的事情很多，所以只能叹息。"因此，偶尔叹气，有助于缓解情绪，若经常叹息，就不利于自己的情绪转移。

2. 记住，叹息不能解决问题

叹息并不能解决问题，叹息过后，心情是好了很多，但令自己烦恼的事情并没有解决，再想起来，还是会忍不住叹息。因此，叹息只是一个暂缓的过程。叹息过后，还是要想办法解决令自己烦恼的事情，这样才能真正让自己的情绪得到转化。

用哭泣释放负面情绪

我们常听到这样的话："人要坚强，不能动不动就哭。否则，就是懦夫的表现！"实际上，哭是人类的本能，刚刚出生时，我们什么都不会，却会哭泣。长大后，很多人却丢弃了这一本能，因为在世俗看来，哭是不成熟、不坚强的表现。

其实，哭泣和不坚强并不能画等号。不哭的人，也许在心里流泪，也可能已经麻木；哭泣的人，却会在悲伤得到释放后重新扬起生活的风帆。当痛苦无法承受之时，为什么不能抛下面子，大哭一场呢？

小张最近的倒霉事很多，刚刚买了房子，借了好多钱，偏偏母亲又得了重病，急需手术费。这可愁坏了小张，而且他还不能在母亲和妻子面前流露出半点情绪，因为他是男人，是家里的顶梁柱，不能让家人看出他的脆弱。

这一天，他的好哥们儿小赵来医院看他的母亲，和他母亲说完话，小赵拉他到附近一个小餐馆坐坐。小张坐在那里一言不发，谁都能看出他心情很沉重，在哥们儿面前，他再也不用假装轻松了。

小赵给他倒上一杯啤酒，说："有什么话，跟我说说，别憋在心里。"

哥们儿的一句话让他的眼睛湿润了，眼泪在眼眶里打转："唉，我真后悔买房子，我想把房子卖了。可是，卖了房子，老婆、孩子还得跟我租房子住。我顾得了老婆孩子，就救不了老妈，你说我是不是太无能了！"说着，他忍不住抽泣起来。

"哭吧，哭一哭好受些。"听到小赵的话，小张再也忍不住，大声哭起来。

哭了一阵，小张停止了哭声，对小赵说："在你面前哭，别笑话我啊。"

"怎么会呢？男人也是人，有了情绪也得释放，该哭就哭，这没有什么，哭完就好了。"

生活中，我们会看到许多人通过哭泣释放自己的负面情绪：奥运赛场上，惨遭失败者痛哭流涕；幼儿园里，小朋友受到欺负时号啕大哭；单位里，受到上司的责骂时，我们流下委屈的眼泪。可见，哭泣是一种释放情绪的普遍方式。

古语道:“忍泣者易衰，忍忧者易伤。”测试发现，悲伤时流出的眼泪含有很多的蛋白质，这是精神压抑产生的有害物质。所以，该哭时不哭，对健康危害极大。

虽然哭泣可以释放负面情绪，有助于健康，但我们还需注意以下三点。

1. 哭泣能释放自己的情绪，但不可滥用

通过哭泣，人们的情绪得到疏解，但长时间哭泣对身体却没有好处。因为人的胃肠功能对情绪非常敏感，哭泣时间太长，胃的运动就会减慢，影响食欲，进而引发各种胃部疾病。我们常常在哭过后吃不下饭，就是因为如此。

此外，发泄情绪应该有“度”，既不能长时间哭泣，也不能因一点小事而轻易哭泣，更不能因为哭泣可以获得别人的帮助，就以此作为逃避责任的手段。这些都是不恰当的做法。

2. 哭泣只是释放情绪，哭泣后要解决问题

哭泣只能释放情绪，但并不能解决问题。情绪得到宣泄之后，要迅速擦干眼泪，从悲伤中走出来，想想出了什么问题，该如何解决，并立刻付诸行动。只有解决了问题，才能切断令你悲伤的根源。

3. 哭泣不是女性的专利，男性也可以大哭一场

传统文化认为，男人应该坚强，“有泪不轻弹”。可实际上，男性同样承受着繁重的压力，也有情绪崩溃的时候。在一个无人的环境中，以泪水化解压力，又有何不可呢？哭泣并不是女性的专利，男性也可以不那么“坚强”。

让笑声带走负面情绪

西方有句谚语："一个小丑进城，胜过十个医生。"因为小丑给大家带来了欢笑，而欢笑能带走人的抑郁情绪。人在情绪不好的情况下，机体会分泌出过多的肾上腺物质，使人的心跳加快、脏器功能失调，此时如果能够让自己笑出来，身体便会立即松弛下来，人体的各种器官都会趋向良性运转，情绪就会得到缓解。所以，笑能非常有效地缓解人的情绪。

小文在一家外企工作，每天的工作量都很大。他又有着很强的事业心，为了尽快升职，经常强迫自己加班，繁重的压力让他没有时间考虑自己的情绪，他觉得自己已经很长时间没笑过了。

一天，他到商场买东西，商场的大屏幕上放着憨豆的电影，那夸张的表情和动作逗得他哈哈大笑，霎那间什么烦恼都没有了。这以后，只要有一点时间，他就到网上找喜剧电影看。除此之外，他还听相声，找幽默的段子。只要是能让他笑的，他都找来看。他发现，这些东西对人情绪的调节作用是神速的，短短几分钟，他就能开怀大笑几次，所有的压力、烦恼在那一刻全消失了。

《圣经·箴言》上说："笑可以像药一样对人们的身心产生有益的影响。"著名作家伯尔尼·希格尔也称笑为"人体的内部按摩师"。他说："人在笑的时候，其胸部、腹部与脸部的所有肌肉都能够得到轻微的锻炼，可以让人的心情变得开朗，让疾病远离自己。”著名化学家法拉第就有这样的体验：

因为对工作过于投入，法拉第经常会感到头痛。很多医生对他的头痛都无能为力，他为此很是烦恼。有一次头痛时，他无意间听到别人讲的笑话，笑得前仰后合，然后他发现头竟然不痛了。此后，他坚持听笑话，看喜剧电影。一段时间过后，他头痛的症状基本消失，再也不用为头痛问题而烦恼了。

笑是一付减压的良药，它能消解人们心底的郁闷与不快。所以，当我们有了不好的情绪时，不妨开心地笑一笑。让自己笑起来的方式有很多，向大家推荐以下几种。

1. 听相声

听相声是让自己很快笑出来的方式之一。一段相声时间不长，“包袱”却很多，让自己在相声演员“抖包袱”的过程中一次次地笑出来，所有不开心的事都会想不起来了。

2. 看漫画

在自己的床头、案头、包里放几本幽默的漫画书，随时拿出来翻一翻，笑几声，便可以消除烦恼。

3. 看喜剧电影

夸张紧凑的故事情节，搞笑的造型和动作，幽默的语言，这些都是喜剧电影的必备元素。闲暇时，多看看喜剧电影，会让你立刻忘记烦恼。例如，《憨豆先生》《终极笑探》《笨贼妙探》《小鬼当家》以及周星驰的无厘头电影，都会让你捧腹大笑，忘却烦恼。

4. 讲笑话

和他人互相讲笑话不仅可以缓和彼此的关系，也可以为自己和大家减压。你可以把自己平时听的相声、读的漫画书、看的喜剧电影讲给他人听，和他人一起分享快乐的心情。

用音乐舒缓紧张的神经

音乐就像按摩师，让我们的心灵得到放松和舒展；音乐又像朋友，在我们空虚时给我们陪伴，无助时给我们慰藉。美妙的音乐带给人们的是美丽的享受。在情绪不好的时候，何不试着用音乐舒缓一下自己紧张的神经呢?

作为媒体人，关颖的工作紧张又忙碌。她不仅要考虑到大众的口味，还要让客户满意；不仅要考虑商业利益，还要考虑社会效应。各方面的考量和权衡，让她感到身心疲惫。

幸好，她有一个业余爱好——听音乐。每天晚上回到家，她都会听一会儿音乐，无论是流行音乐还是古典音乐，都能让她的压力得到释放。这一天回到家，她打开贝多芬的《月光奏鸣曲》，靠在床上静静听起来。渐渐地，她的心也被带进音乐的世界，觉得自在、轻盈。

伴着音乐，她的心情慢慢变得平静，很快就进入了梦乡。

音乐可以让身心得到放松，避免因神经紧张而产生的慢性疾病；音乐可以打开我们封闭的心灵，缓解我们忧郁苦闷的心情，达到心灵治疗的作用；音乐还可以增强神经传导速率，帮助我们入眠。所以，当情绪不好的时候，不妨到音乐中寻找乐趣，在音乐中得到力量。

不同的心境下，我们可以选择不同的音乐：失意的时候，听一听那些打动我们的经典老歌；愤懑的时候，随着撕心裂肺的摇滚乐一起怒吼；内心浮躁的时候，乡村小调可以让我们的内心得到平静。音乐可以涤荡人的内心，让心灵从喧嚣归于平静，从浮躁转为淡定。让音乐的旋律抚慰我们的心灵，在歌词中寻找共鸣，情绪便会放松下来。

在生活中的很多时刻，我们都可以通过音乐来给自己减压：

1. 清晨起来

每天早上，想起又要开始一天的忙碌，你是不是没有了起床的动力？让音乐给你一些能量。把闹钟设成优美的铃声，在音乐中洗漱、吃早餐，你会觉得这将是愉快一天的开始，虽然繁忙，但绝对是精神百倍的一天。

2. 上班路上

上班路途遥远，时间真是难捱，特别是在交通拥堵的时候，心情会烦躁、不安。这时，打开手机音乐，享受一段属于你的美好音乐时光，绝对可以在你到达目的地之前消解因堵车而产生的负面情绪。

3. 烹饪和做家务的时候

劳累了一天，回到家还要做饭、做家务，真的很不情愿，但如果这个时候能有自己喜欢的音乐陪伴，那么心情就愉快了很多。有了音乐的陪伴，你可以在厨房里找到完全放松的感觉，就餐时的心情也会不同。

4. 睡觉之前

忙碌了一天，我们特别需要有好的睡眠，让身心得到充分休息。可是，躺在床上却辗转反侧，无法轻松入睡。此时，不妨听一些舒缓的音乐。优美、舒缓的音乐可使人放松身心，起到镇静、助眠的作用。

但是，听音乐时也得注意。比如，不能把音量开得很大；也不能长时间地听音乐，这样会对听力造成损伤；情绪不好的时候，不要反复地听哀怨、悲伤的音乐，这样非但转化不了情绪，反而会让情绪更糟糕。

通过艺术创作放松心情

李鸣是某大型商场的店面经理，每天处于嘈杂的环境中，面对形形色色的顾客，为了保证销售业绩，他一天不知道要费多少唇舌，回到家里总是累得一句话都不想说。可第二天上班，李鸣又能神清气爽、笑脸迎人。

同事们纷纷问道：“为什么你的精神状态这么好？”

李鸣说：“我每天晚上都练一个小时的书法和画画，练完之后，就觉得心情舒畅、气定神闲。这对在嘈杂环境中待了一天的我来说，再好不过了。你们也可以找一些自己喜欢做的事，肯定会有意想不到的效果。”

正如李鸣所说，艺术有缓解人情绪的作用。近几年来，“艺术疗法”成为心理治疗的一种，它以欣赏艺术作品、进行艺术创造作为治疗手段，通过艺术来表达个人的情绪和体验，将意念转化为具体的形象，使人格获得调整与完善。这一方式可以提高人对事物的洞察力，达到净化情绪的效果。生活中，常见的艺术门类有以下几种。

1. 书法

练习书法必须气闭神静，眼、手、腕、脚、身、心等默契配合，牵动上百块肌肉，徐徐呼吸而精气调和。所以，练习书法可以使血气流通，体畅心舒。另外，练习书法会让人变得有耐心、专注。郁闷时写字，可使人忘却烦恼，变得专心致志，情趣盎然。练习书法是一种高雅、有益的活动，能丰富人的精神生活，使人获得美的享受。

2. 唱歌

唱歌有助于愉悦身心。心情不佳时，扯着嗓子吼一吼：失恋时，来一首《单身情歌》或《分手快乐》；需要鼓励时，来一首《怒放的生命》；想发泄愤怒时，唱一首《死了都要爱》；如果你有无数烦恼，不妨唱一首李宗盛的《最近比较烦》。

在歌声中，我们体会到的是宣泄情绪的乐趣。不要因为自己唱功不佳就不好意思唱，一定要大声地将自己内心的感情通过歌声表达出来。这样不仅能发挥唱歌舒心养肺的健身功效，还可以快速转化自己的负面情绪。

3. 弹奏乐器

不管你弹奏的是钢琴、吉他还是古筝，当情绪通过手指化为音符表达出来时，你的负面情绪就会被琴声带走了。会弹琴的朋友可以利用这种方式来释放自己的情绪。

4. 美术创作

心情不好的时候，画一幅画。不用管你画的是什么，画得好不好，有没有人看得懂，只需把你的情绪通过图画表达出来。你可以随便联想、胡乱涂鸦，画了再擦，擦了再画；也可以在画完后把画作随意撕掉，随手扔掉，只要情绪能够得到宣泄就行。

5. 创作艺术作品

创作艺术作品可以有多种形式，例如制作陶艺、十字绣、蜡染等。在投入创作的过程中，你会不由自主地集中精力，忘却烦恼。当一件作品制作完成后，你体会到的创作的乐趣能够帮助你消解负面情绪。具体用哪一种艺术形式，可以根据自己的情况而定，也可以几种形式结合起来。

深入自然，换种心情

人们整日为生计奔波，在钢筋水泥的筑墙中寻找梦想，难免受到挤压，也因此产生了很多负面情绪。整日面对着同样的人、同样的环境，心情自然很难“焕然一新”。因此，有时间的时候，不妨深入自然，换个环境，换种心情。

小云工作三年了，从没有休长假的机会。这次趁着休年假，她来到了海南。站在宽阔无垠的蔚蓝海边，她激动不已。她对着大海尖叫，在沙滩上奔跑，在海中嬉戏，乘着快艇在海面上驰骋，这种感觉太痛快了。在这里，她忘记了工作中的烦恼，也忘记了头脑中令她烦忧的那个“他”。

以后，只要有机会，她就会去旅游，不管远近，能去哪里就去哪里。在杭州，平静的西湖让她烦躁的心情得到宁静；在凤凰，她紧张、焦躁的情绪得到慢生活的调节；在郊区农家的菜园子里，她享受到自然的乐趣。

从自然再回到城市，她对工作和生活的热情都提升了不少。小云觉得，大自然真是个奇妙的情绪转化师！

人具有双重性，属于社会，更属于自然，不仅需要在社会竞争中寻找价值感，更需要在大自然中放飞心情。人的天性是渴望自由的，可是在社会环境中，我们不得不接受各类束缚，承受太多压力。自然却能让自由的天性得到释放，让人体会到返璞归真的美好。

所以，当我们觉得不快乐时，不妨深入大自然中，翻阅自然这部无字之书。很多文人墨客在人生不得意时都喜欢寄情于山水，在山水之间，物我两忘。在自然的博大和深邃面前，你会发现自己那点小烦恼实在不值一提；看着自然的美丽景色，就会觉得与其浪费时间烦恼忧愁，不如好好享受美好的人生。

1. 面对高山大海喊出自己的负面情绪

王力宏有一首歌是这么唱的："最近比较烦，最近情绪很 down，每天看新闻，都会很想大声尖叫。"的确，情绪不好的时候我们很想大声尖叫，可是在哪里尖叫呢？若是在家里大叫一声，没准儿会遭到邻居的投诉；若是在公共场合大叫一声，没准儿会遭到周围人鄙夷的眼光。城市的空间太过狭小，可是在大自然里，你可以无拘无束地大声喊叫。攀爬到山的最顶端，或在一望无际的大海面前，放松站立，把手放在嘴边，大喊一声，声音越大越好，尾音越长越好，以此将内心的积郁发泄出来。

2. 放下一切杂事，好好享受自然

既然想彻底放飞自己的心情，就不要牵挂这、牵挂那，把工作安排好，把手机关掉。不要想着离了我不行，也不要担心自己请了几天假扣了多少钱，既然出来玩，就放下一切杂事，好好享受。不管是独自一人，还是和家人朋友一起，都好好珍惜这段时光。这样才能真正让情绪得到释放。当你调试好了心情，以昂扬的斗志重新投入工作中，你的效率会更高。

做个 SPA，放松身心

在妙曼轻音、袅袅花香中，手指从脸上轻轻滑过，您可以一边享受一边闭目养神，在这一刻，身体的疲劳、心里的压力都得到彻底的放松和缓解。这就是 SPA 的奇妙体验。对于很多朋友来说，SPA 是她们缓解压力、释放情绪的好方法。在优雅的环境中，一边享受按摩的感觉，一边和自己的朋友聊聊天，这种感觉太惬意了。

为什么很多朋友这么钟情 SPA 这种减压方式呢？因为 SPA 可以起到消炎、抑菌、活血、消除疲劳的作用，还可以缓解人的精神紧张、消除烦恼、焦虑等。现如今，SPA 不仅是一种时尚的美容方式，更是一种缓解精神压力的妙方。

林芳在国外生活多年，现在上海一家企业担任部门总监，她的薪水很高，但是付出的体力和精力也是巨大的。但是，只要上班，林芳总是充满了激情。大家都问她是用什么方式来解压，她微微一笑说："SPA。"

以前，林芳经常与同事们一起打球、下棋、游泳等，以此来缓解压力。但是，这些运动项目总要其他人配合才行，她经常因约不到人而无法成行。

有一次出差，朋友说那里有一家 SPA 馆非常受人欢迎，就带她去尝试了一下。刚进去，林芳就被其中美妙的氛围所陶醉：轻音妙曼、天然的花草香袅袅地升腾在雅致的空间里，她仿佛感受到水滴、花瓣、绿叶、泥土的亲抚，呼吸着来自森林原野的植物所散发出的清新气息，一切好像都归于了平静。这一刻，她的思绪变得轻缓，一切烦恼都消失了。

从这以后，林芳爱上了SPA。有时她和朋友一起去，有时自己去。SPA是一种从体力到精神的双重放松的减压方式，让她天天保持着工作的激情。

传说，有一个身患重病的人来到比利时列日市的一个小镇。他发现周围有十分美丽的森林与含有丰富矿物质的热温泉，森林中轻音妙曼，水中鱼儿欢畅地游着。他闻着自然森林散发出的清新气息，顿时忘却了烦恼。于是他留下了来，在这个森林生活了很久，身上的疾病竟不治而愈了。这就是SPA的由来。

也许有的朋友还不是很了解SPA这种减压方式，那么我们一起来看一看SPA到底是什么？SPA是指利用天然的水资源，并结合沐浴、按摩和香薰来促进人体的新陈代谢，利用音乐、天然的花草薰香味、美妙的自然景观、健康的饮食、轻微的按摩来满足人们各种感官的基本需求，使人身心舒畅。

很多女性朋友爱做美容，SPA也包含了美容的部分功能，例如洁净皮肤、身体按摩等，但它更强调人与周围环境的互动与契合。营养、身体的运动、心灵的释放、全身的保养与调理是SPA的四大内涵。SPA就像一座加油站，为人体补充各种能源。

对于很多人来说，SPA是一种全新的、时尚的减压方式。它已经成为现代都市白领集减压、休闲、美容于一体的时尚健康生活理念。

SPA的方式是多种多样的，下面为大家介绍几种。

1. 精油型浴盐SPA

这种方式适合那些因经常加班、熬夜而精神紧张的人，它能够有效缓解疲惫感。精油的“油”是一种植物的荷尔蒙，它能从人体的神经着手，改善人的情绪，着重人体的内在调节。每天下班后，我们也可以在家做个简易 SPA，用精油型浴盐泡个澡，不仅可以让自己一天的疲惫得到缓解，还可以让自己睡个好觉。

2. 温泉浴盐 SPA

温泉浴盐中含有镁盐、钙铁盐、锌盐等多种矿物质成分，如果你有失眠、疲劳、心烦气躁、神经焦虑等症状，可以用这种方式得到舒缓。此外，它也可以通过活络人的筋骨，增加人体的血液循环，解除腰颈的酸乏，对于“坐班一族”而言是很好的放松方式。

3. 中草药浴盐 SPA

如果你的工作需要经常在外走动，就可以使用这种方式解压。它的功效主要是除菌、消炎、消解疲乏、增强足部的底气。长时间站立、奔走，我们容易因体力疲惫而感到心烦气躁，而中草药浴盐 SPA 可以通过补充人体脚部的精气提升人的精神，达到舒缓减压的目的。

用心理暗示赶走负面情绪

彼得尔教授正在做实验，他拿着一个玻璃瓶对学生说：“瓶子里的气体有异味。现在要测量这种气体在空气中的传播速度，打开瓶盖后，谁闻到了这种异味，请举手。”

说完，彼得尔教授打开瓶盖，脸上马上露出很难受的表情，表示他闻到了这种异味。同时他看表计时，15 秒后，前排的同学举起了手；1 分钟后，大部分的同学都举起了手。然而，玻璃瓶里实际上并没有有异味的气体，只是普通的空气而已。学生们之所以闻到了“异味”，其实就是心理暗示在作怪。

所谓心理暗示，就是通过语言、行动、表情或某种特殊符号，对自己或他人的心理和行为做出肯定或否定，从而对自己和他人的心理或行为产生影响。暗示只要求对方接受一些现成的信息，不需要讲道理。心理暗示能干扰人的认知，进而影响人的行为。

一个人的意识就像一块肥沃的土地，在上面播撒好的种子，它会结出累累硕果，否则便会野草丛生，一片荒芜。积极的自我暗示就是在自己的意识里播撒成功的种子。我们听到的每一句话都会沉淀在心里，甚至深入潜意识，也就是说，我们听到的每一句话都具有神奇的暗示力量。所以，当我们陷于不良情绪时，可以用积极的自我暗示来改变自己的情绪。

1. 自我暗示

自我暗示是自己向自己发出刺激，以影响自己的情绪、情感和意志。比如，当遇到恐惧的事情时，我们会这样自我暗示："别害怕，这点事没什么好怕的。"当遇到困难时，会这样自我暗示："要对自己有信心，一定能挺过去的。"当情绪不好时，可以对自己说"好了，这事过去了，不要再纠结了"，或者"别看不起自己，我相信我能做到的！"那么，情绪就会随着认知的改变而改善。

2. 暗示他人

除了利用暗示调节自己的情绪，我们还可以用心理暗示调节他人的情绪。例如，有经验的老师总是对学生说："你很棒。""努力了，就一定会有收获。"医生诊断病人后总是先说："你放心，没什么大问题。"这其实就是在给予对方积极的暗示，抚慰对方的情绪。

所以，在他人情绪不好的时候，我们同样可以对对方说一些鼓励的话或做一些带有鼓励性的举动，以达到疏解负面情绪的效果。

3. 用“转折”句进行心理暗示

任何事物都有两面性，在进行心理暗示时，可以用转折的句式改善情绪。例如，“虽然失去了一段感情，但是对感情有了更深的了解，也有了一段美好的回忆。”“虽然失去了这次升职的机会，但却看到了自己的不足。”在负面情绪来临时，用“虽然……但是……”来开导自己，让情绪转个弯，负面情绪也可以由坏变好。

用心理代偿调节情绪

什么是心理代偿？很简单，小时候我们摔了一跤，疼得号啕大哭，妈妈过来了，递给我们一颗糖，于是我们停止了哭声，这颗糖就是一种补偿；长大后，有一天我们走在街上，钱包被偷了，正自顾郁闷时，朋友打来电话：“在哪儿呢？请你吃饭。”朋友的关怀也是一种补偿。心理代偿就是失意的事情用得意的事情来弥补，让得意带来的好情绪代替自己失意的坏情绪，以求得一种心理平衡。

心理学家认为，人类心理有这样的特点：当一种愿望无法得到满足时，人们会用其他愿望来代替它。也就是说，当需求受阻或者遭遇挫折的时候，可以用满足另一种需求来进行补偿。这在心理学上叫作心理代偿。

小韩在一家工厂上班，他工作兢兢业业、任劳任怨，很快成了厂里的标兵。可是几年过去了，他一直没有得到提升。他很郁闷，又没有别的办法，于是逐渐变得郁郁寡欢，很容易因为一点小事就和同事发脾气。

但是最近他交了个女朋友，女朋友甜美可人，和他非常恩爱，很快两人就论及婚嫁。这件事使小韩因工作带来的郁闷情绪一扫而光，他想：“虽然职场失意，但情场得意，也是一种安慰。”

故事中的小韩就是用心理代偿调节了情绪。可见，在生活和工作中，心理代偿是一种非常常见且较为有效的情绪调节方式。要想让负面情绪快速转化，就不能抱着负面情绪不放，要学会及时转弯。具体来说，我们可从以下四个方面来实施。

1. 宽慰补偿法

宽慰补偿法就是用安慰的语言来补偿心中的不满，达到心态平衡。如运用一些格言、谚语对自己或他人进行安慰。比如，不满足时说：“知足者常乐。”“吃亏是福。”失败时说：“失败是成功之母。”“塞翁失马，焉知非福。”“胜败乃兵家常事。”这些格言和谚语都可以让心理得到平衡，对情绪也有一定的缓解作用。

2. 物质补偿法

物质补偿法就是用物质来补偿失意的情绪。例如，在工作中失去了升迁的机会，可以给自己买件漂亮的衣服，弥补一下工作上的失落。

3. 引导补偿法

引导补偿法就是用自己的经历影响对方的思维，从而将他人从失意的情绪中解脱出来，这是一种较有说服力的情绪转化方式。例如，朋友辞了工作，过了好长时间也没找到工作，心里不免着急焦虑，这时你不妨这样对朋友说：“我去年辞了工作后，整整三个月都找不到工作，你这才半个月，根本不用着急，慢慢找。”

也可以用自己比较庆幸的事情来引导对方走出负面情绪。例如，朋友和男朋友吵架了，想提出分手，但又下不了决心，心里很纠结。你可以这样帮朋友走出纠结的心情："我和我老公谈恋爱时也曾吵架闹分手，但是我们各自冷静后发现，我们还是放不下彼此，于是又重归于好了。现在回想起来，幸亏那时没分手，不然就失去对方了。因此，你也不要急着做决定，等自己想清楚了再说。"

4. 精神补偿法

精神补偿法是一种象征性的补偿，有点像阿Q精神。比如，不小心被偷了钱包，又暂时无法找回，不妨安慰自己说"破财免灾"；面对丈夫的木讷寡言，不妨想想他的勤奋可靠。精神补偿法如果运用得当，可以帮助我们化解因不平等而引发的怨气。但要注意的是，千万不能过度运用，否则便会产生消极懒惰的情绪。

[下篇]

升华篇——如何拥有稳定的心态

狄更斯说:“一个健全的心态，比一百种智慧都更有力量。”在生活和工作中，我们总会遇到困境和烦恼，我们虽无法控制人生的境遇，却可以选择以什么样的心态来面对。一份好的心态能令你在困境中锐意进取，在苦痛中乐观豁达，是我们获取健康、财富和幸福的有效助力。拥有积极心态者，便拥有不易失控的人生。

第八章　／　面对成就：喜到意满沉得下

每个人都有志得意满的时候，事业上一帆风顺、生活中事事如意、感情上瓜熟蒂落都会让人喜不自胜。在一片羡慕声中，人们很容易迷失自我、放弃进取、忘记危机，得意忘形起来。在这种松懈的状态下，喜悦很快就会变为灾祸。喜到意满时能够放下已得到的成功，不被胜利冲昏头脑，才是大智慧。

志得意满往往潜藏着最大危机

一个人心态稳重，应该表现为为人聪明而不奸诈、处世周到而不油滑、做事谨慎而有计划，这需要从性格、日常生活的方方面面来培养，让自己对待生命、对待生活都有一种审慎的意识和全局的智慧。稳重体现在情绪上为“胜不骄、败不馁”的控制力。“祸兮福之所倚，福兮祸之所伏”，当一个人志得意满时，往往容易得意忘形，对工作和生活不再谨慎，放松警惕，时刻存在侥幸心理，继而变得狂妄自大起来。这样一直发展下去，会出现什么结果呢？

一个商人带着两头驴去外地做生意，其中一匹驮着沉重的谷物粮草，另一匹驮着满满一袋子珠宝。驮珠宝的驴知道自己驮着无比贵重的宝物，因此它把头抬得高高的，目不斜视、趾高气扬，还不断地把脖子上的铃铛摇得叮咚作响，整个山谷中都回荡着悦耳的铃声。另一匹驮粮食的驴低着头，一步步平稳地前行。

出了山谷，刚刚进入密林，便有一群土匪盯上了商人。很快，一支弓箭穿透了驮珠宝的驴的肚子。这时，驴子才意识到，自己不停地晃动脖子上的铃铛，引起了土匪的注意，招来了杀身之祸。

许多稍有成就的人就像驮珠宝的驴一样，狂妄自大，得意忘形，全然不知危机已经潜伏在身边。所以，老人常常说："人不能太得意，小心乐极生悲！"忘乎所以的结果只能是走向失败。年轻人本就有"初生牛犊不怕虎"的闯劲儿，志得意满之时更是潜藏了巨大的危机。因此，我们始终要保持一颗警惕之心。

成功易让人盲目、迷失，每个人在成功的时候都要不断在心里告诫自己，检查自己是否陷入了志得意满的状态，以防出现下面这些危机。

1. 志得意满时，警惕性越来越低

一个人志得意满的最明显表现就是丧失对人、事、危机的警惕性。他从前能听到的声音、观察到的变化，在志得意满之时，全然听不见、看不到。他沉浸在成功的喜悦中，忘记了赖以成功的敏锐观察力，根本听不到危机迫近的脚步声，这很容易导致他从高台跌落。

2. 志得意满时，虚荣心越来越强

志得意满的人最喜欢看到别人羡慕的目光，最希望得到别人的夸奖，恨不得全世界的人都知道他们的成就，他们开始喜欢向别人夸口，喜欢向别人传授自己的成功经验，喜欢被别人簇拥……他们把自己当成大人物，并有一种自傲心态。

每个人都有虚荣心，正常的虚荣心可以促使人们奋进，可虚荣一旦过了界，人就会开始追求不切实际的东西，忘了最初的目标。虚荣是志得意满者最该摒弃的弱点。

3．志得意满时，进取心越来越弱

人在志得意满时最容易失去的就是进取心。过去，想到自己的能力还处于低级阶段，想到自己的生活还有很多待解决的困难，每一天都会鼓足干劲儿，督促自己要比昨天更进步；而当有一天突然获得成功，有了成就，就产生了安逸思想，满足于现状，止步不前。

但是，生活如逆水行舟，不进则退，那些奋力追赶的人都在跑，你原地休息，就会被人远远落在后面。这时你就要提醒自己：太过志得意满的人不会有长久的安稳，不断充电才能不断进步。

4．志得意满时，享乐欲越来越多

不能否认，人们奋斗的目的是为了更好地享受生活，但是志得意满者却扭曲了享受的意义。放松没有错，但放松不是长期的停滞不前；享受也没错，但享受不该变为纵情享乐。当有一天你发现自己的大部分时间被享乐占据，只用很少的时间做正事时，你必须立刻改变这种生活状态，否则你的意志会在享乐中被消磨殆尽。

志得意满时最不能忘记的就是对生活、对自己的危机意识，越是得意的时候越要小心出现纰漏。居安思危者有长远眼光、长远打算，他们看重的不是眼前的小成功、小利益，而是更加安稳、更有成就的一生。

保持“逆状态”，避免碰触暗礁

在海上航行多年的水手都会这样教育新人：谁也没有办法判断什么时候出现暗礁，所以当顺风顺水的时候，一定要将船只尽量航行在深海区，这样才不会因船速过快、无法掌握方向而触礁沉船。生活中也是一样，越是在临近成功的时候，人们越容易盲目乐观，这时候就越要注意“暗礁”的存在。

1997年，电影《泰坦尼克号》在全球上映，讲述了一个沉没在北大西洋的动人爱情故事，这个影片记录了1912年的一段史实。

1912年4月10日，泰坦尼克号从英国南安普敦的海港出发，前往美国纽约。这艘当时世界上最大的油轮被称为“梦幻客轮”，不论是设计师、船长还是乘客，能够参与它的处女航行，都觉得兴奋。

但是，船长与船员太过相信船体的坚固，他们带着傲慢的心理航行在冰川区，结果，轮船于4月14日晚11点40分在北大西洋撞上冰山，泰坦尼克号开始沉没。船长根本没有想到这艘“最坚固的船”会遇到海难，偌大的巨轮上只有20艘救生艇。这次沉船造成1523人死亡，是和平时期最严重的一次航海事故。

泰坦尼克号的沉没不是天灾，纯属人祸，它用巨大的损失证明了即使再坚固的船只，在大自然的威力面前依然不堪一击。同理，一个人即使有万全的准备和超强的能力，如果他盲目自大、疏于防范，也很容易招致失败。我们说一个人心态沉稳，往往不是说他能够乘风破浪，凡事有开拓的勇气和能力，而是指在快要抵达目的地时，他仍保有坚定的意志和审慎的思维。

顺风顺水的时候，人们很难做到小心谨慎，那时他们情绪高涨，对生活、工作充满热情和自信，根本不关注小的挫折，感觉世界都在为自己的好运主动让路；而处于逆境的时候，人们步步为营，就怕出现闪失，所以逆境更容易出人才，也更容易助人成功。在春风得意之时，我们也应该保持逆境中的心态，如此才能避开生活与事业中的暗礁。那么，如何在一帆风顺的时候保持“逆状态”呢？不妨参照以下方法。

1．多找找潜在的隐患

“逆状态”中的人永远不会把顺风看作“顺风”，而是时刻关注潜在的隐患。要记住一个词：物极必反。一切事物顺利得过了头，就是危机的开端。不能被顺风吹昏头脑，要看看顺风背后的“天气预报”：这样的风力还能刮多久？是否会变得更大？这风是人为的还是自然的……当你学会全面地思考顺境中的危机时，你就掌握了“逆状态”的核心。

2．多想想自己的不足

最应该引起警惕的其实是我们自身性格上的隐患。它根深蒂固，不容易消除，还常常存在于我们的观察盲区，一旦有了顺境作为掩护，我们甚至会把缺点当成优点，并为此而沾沾自喜。圣人说“吾一日三省吾身”，一个人经常检讨自己的缺点，就能够及时发现不足。特别是要多听听别人的意见，不要被一时的顺利所迷惑。

3．寻找成功中不尽如人意的地方

我们不难发现，取得小成功的人不少，取得大成功的人却没几个，难道那些没取得大成功的人都在裹足不前？当然不是，他们也想以一次成功为跳板，再跃一个台阶，但他们没能及时总结成功中的教训，所以只能原地踏步。

一次成功不是最终的结果，每次成功的背后都有一些不尽如人意的地方，我们需要对此进行反思，争取下次改进，如此才能更进一步。而那些被一时成功冲昏头脑的人，只能用相同甚至更小的步伐向前迈进，哪里会有更大的成功？成功不是一时一刻的事，不要迷恋一时的成就，始终保持“逆状态”，才能避开那些出其不意的暗礁，随时保持最佳的迎战状态。

别让自己迷失在赞美声中

当一个人取得成就并因此受到他人关注的时候，赞美声就会随之而来。每个人都渴望获得赞美，赞美的话进到耳朵里舒服，听到心里妥帖，通过他人的赞美，我们也能看到自身的价值。然而，有的人听到赞美会觉得心满意足，但第二天会忘记这些话，照旧努力；有的人却完全迷失在赞美声中，自此心里装满了自己的“丰功伟绩”，变得自负狂妄。

我们不该忘记，所有赞美只代表过去的成就，沉溺于过去便无法赢得未来。对人对事，难得的是保持一份警醒。在赞美声中保留理智，就是心态沉稳的表现之一。

一个魔术师刚刚出师，参加了几场表演，渐渐地有了一些名气。魔术师年轻，经不住别人的夸奖，不知不觉就认为自己真是别人口中的“最有潜质的魔术师”“××× 的接班人”。他开始洋洋得意起来，听不进别人的一点批评。

一天，年轻的魔术师去参加一个电视节目，电视台还邀请了一位老魔术师，准备上演一台“新老魔术师对话”的节目。谁知，年轻的魔术师根本不把老魔术师放在眼里，在和老魔术师交流技艺的环节故意炫技。老魔术师全看在眼里，却什么也没说。

节目结束后，老魔术师在后台低声对年轻魔术师说：“你刚才抖扑克的时候，手势虽然漂亮，但这种花哨的姿势成功率很低，在你没用熟练之前，还是不要在人前露出来。”

年轻魔术师大惊失色，这个姿势是他独创的，他练了很多次，成功率不高，刚才为了炫耀才拿出来，心里也着实捏了一把汗，没想到老魔术师一眼就看了出来。从此，年轻的魔术师再也不敢在人前得意。他还特地去拜老魔术师为师，想要进一步提升自己的技术。

美国汽车大王福特说：“许多人总是拥有起劲奋斗的开头，一旦前方出现大道，就自鸣得意起来，于是失败也就现身了。”面对赞美，谦虚应该是一种习惯，而不是一种姿态。别人赞美你，是因为你做到了他们未能做到的事，这个时候你要想，别人身上也有很多自己不具备的优点，如果因为自己小小的成功，就把自己放在他人之上，那只能说明自己见识浅薄。况且，他人的赞美也许只是一种提携或体恤，而你却把这些夸奖当作炫耀的资本，未免贻笑大方。那么，面对赞美，人们最应该做什么？

1．请赞美你的人指正缺点

面对赞美，如果我们一味地说“哪里哪里”“不不不，我做得不够好”，一来有过分谦虚的嫌疑；二来别人真心诚意地赞美你，你却总说

“谁都可以做到”，在有些人听来会成为一种讽刺。坦率地接受赞美，说声“谢谢”，才是礼貌的做法。同时，你可以请这些赞美你的人给自己提些意见。如此一来，既能显出你的坦率，又能突出你的谦虚，会给人留下好印象。

2．向更成功的人请教

成功应该是一个永不满足的前进过程，而不是一个过去式的停滞状态。拿破仑·希尔认为，任何一个强者都有一条诀窍，那就是不断向优秀的人学习，以此改正自己的缺点，发掘自己的潜质。通过观察那些成功的人，你能够更快意识到自己的差距；通过请教那些成功的人，你能够迅速忘掉过去微不足道的成就，向未来迈进。

3．向有良好习惯的人学习

当人们问球王贝利：“你最满意的射门是哪一个？”贝利回答说：“下一个。”贝利曾经面对的是全世界球迷的赞美，但他仍能保持着谦逊，定下更高的目标，这就是促使贝利获得成功的习惯。任何人都会被习惯左右，我们最应该学习的不是某种技能，而是获取成功的习惯。面对赞美，你可以学习他人谦虚的习惯；面对自得，你也可以像那些成功者一样，将成就转化为自信的资本。看看那些真正的成功者是如何看待成功的，这会给你极大的启示。

急流勇退是一种生存智慧

成功有时并不是笔直平坦的道路，它更像一座山峰，当你费尽艰辛到达多数人无法到达的顶峰时，你便功成名就。功成名就之后，人们往往失去了目标，在旁人的称赞中感觉到空虚，不知该如何是好。如果一直留在山顶供人“参观”，虽然满足了一时的虚荣心，却难免浪费了大好光阴，不如早日下山，再找一座更高的山峰。

一位将军经过三年苦战，带着三军将士平定了边疆叛乱，还将一直虎视眈眈的敌国打得毫无还手之力，将军凯旋的那一天，百姓们在城门外夹道欢迎，皇帝亲自出城迎接。

在庆功宴上，皇帝对将军说了很多感激的话，而将军却希望皇帝准他辞官还乡，奉养寡母。皇帝一再挽留，将军一再请辞。最后，皇帝赏赐了将军丰厚的财物，答应了他的要求。

将军的部下们苦苦挽留他，将军却找了几个心腹部下，对他们说：“皇上现在重用你们，你们才有地位，如果不知收敛，今后必遭不测，一定要记得急流勇退，不要等到鸟尽弓藏。”

凯旋的将军面临着皇帝的猜疑，聪明地选择了隐退。将军知道建功立业并不是人生的全部，保家卫国之后还要留下时间给家庭、给自己。就是这一份自知让他远离了惯常的刀光剑影，这也是人们常说的“识时务者为俊杰”。

急流勇退是一种生存智慧，它并不是胆小怕事，就如故事里的将军一样，他的“退”是兼顾了整体利益与个人利益的“退”，既不失风骨，又维护了个人的权利，在公私之间找到一个平衡点，是一种理想的人生状态。那么，如何确定何时该“退”呢？以下标准可以作为参考。

1．高处不胜寒

苏轼写的“又恐琼楼玉宇，高处不胜寒”，最直接的解释是海拔高、温度低，这句诗可以延伸到哲理层面：人往高处走，但当一个人越走越远、位置越来越高，他固然看到别人看不到的景色，得到巨大的成绩，却也因为知音太少、理解的人太少、非议的人越来越多而产生畏惧心理，甚至会觉得疲惫，想要换一种更为轻松的人生。

如果一个人已经到达自己既定的目标，不准备继续前进，而所处的环境又让他对生活产生怀疑，无法享受生命的乐趣，这个时候就要为自己寻找一个出路。达到的位置太高，自己已经产生了厌倦心理，就该考虑放下已成为重担的荣誉，换得一身轻松。

2．某一领域已经达到饱和

在市场上经常看到这么一种情况：某个厂家开发了一款新产品，其他厂家看到销路好，连忙跟风生产。市场的购买力有限，最初那家厂子在不断升级产品、保障售后后，发现自己的市场份额仍然不断下滑，这个时候，有头脑的厂商会选择另辟蹊径，开发新的产品，而不是在一个已经饱和的市场继续苦苦支撑。

在生活中，我们也会遇到类似的“饱和状态”，也许是报考时选择的热门专业，也许是就业时选择的高薪行业，也许是相亲时定下的大众标准……当你知道某个领域已经人满为患，达到饱和状态，不可能有你的位置，或只能勉强给你一个立足之地时，也许就该考虑其他领域，而不是留下来当一个跟风者。

3．太过留恋过去的成就

急流勇退需要眼光，更需要勇气，人们难免留恋过去的成就，就像一些身居管理层的人，他们的能力已经远远不如年轻人．想做什么常常力不从心，甚至出现错误，身体也总是处于疲劳状态，这个时候，为什么不选择歇一歇？因为他们无法放弃已经得到的地位，希望尽可能延长过去得到的成就。事实上，他们得到的不是延长，而是在自己渐渐丧失的能力中走上下坡路，甚至毁掉自己好不容易得来的名声。

如果把人生看作一个由高到低的过程，成功自然是你站在巅峰的那一刻，不过绝大多数时候，不论是从自身条件还是现实环境来看，都不允许一个人永远站在巅峰，只有急流勇退才能够保护一个人从巅峰安然回归细水长流的生活。急流勇退也可以看作一种“适可而止”，每件事都有结束的时候，应在最恰当的时机为自己的努力画上一个相对完美的句号。生存需要智慧，多做那些刚刚好的事，而不是画蛇添足。

骄傲让你看不清自己

心态沉稳的人最先克制的个性就是骄傲。人都有骄傲的资本，有人认为骄傲的个性值得称颂，但是任何事物都要限度．适度骄傲可以让他人看到你的态度，过度骄傲就是狂妄了。不要错误地把骄傲看作自信，忽视骄傲的片面性。

骄傲者有时会拿自己的优点跟别人的缺点比，这样一来，优点显得突出了。沉浸在优秀的幻觉中，人会忘记了人外有人、天外有天，忘记了自己的缺点；也忘记了每个人都有自己的优点，那些被他们轻视的人，其实不比他们差。

常言道:“骄兵必败。”骄傲容易招致失败，此时的优秀也许仅仅是因为你处的环境较为局限，换一个更大的环境，你未必有优势。心态沉稳的人懂得保持一颗平常心，公正地看待自己和他人。

一位父亲正在为教育女儿烦恼，他的女儿今年18岁，也许是家庭条件好，父母溺爱，小女孩年纪不大，心性却不小，平日眼高手低，从来不把他人放在眼里。

也难怪，这个孩子头脑聪明，人又漂亮，从小学习就好，她的确有骄傲的资本。父亲觉得小孩子眼界开阔一点、自信一点是好事，所以以前虽然知道孩子骄傲，却也不怎么说她，但最近的一件事却让父亲改变了想法。

事情发生在上个星期天，父亲教刚拿到驾照的女儿练车，女儿上手快，没多久就掌握了要领。那条道上没什么人，还有另外几辆车也在练习，女儿指着其他几辆车对父亲说:“那些笨蛋也好意思出来开车!”父亲没想到女儿已经骄傲到这个程度，他留心观察之后发现，女儿说起其他人来都是一副轻视的口吻，这让他吃惊不已：自己的女儿怎么会变成这个样子?难道真的是因为受的打击太少?

过于认同自己而无法认同别人的人，无法更好地提高自己。无法欣赏别人的优点，也就失去了学习的机会，这是极大的损失。心态沉稳的人不会小看任何一个人，他们时刻保持谦虚的态度，遏制自己心中的骄傲，不片面地看待别人；或者说，他们更愿意忽略他人的缺点，只看值得自己学习的地方。他们愿意赞扬他人，并把赞扬的对象当作自己学习的目标。这才是向人生高处攀登应有的态度。

为了克服骄傲，我们需要做到以下几点。

1. 开阔眼界，明白强中自有强中手

有时候，骄傲并不是因为自我意识过剩，仅仅是因为眼界不够开阔，在自己的小圈子里待得久了，什么事都是第一，难免滋生骄傲情绪，这时必须把目光放得更远，看看外面的世界，看看那些真正的成功者取得了怎样的成绩，通过比较，便很容易发现自己的缺陷。

比较有两种。一种是横向比较，不但要和自己周围的人比，还要和大范围的人比，如此总能遇到年龄、资质与你相当却比你做出更多成绩的人，这时候你就能明显地看到自己的差距，然后学会谦虚。还有一种是纵向比较，就是和历史上的名人进行对比，当你取得了一定成绩，在高兴之余不妨看看那些名人在你的年龄取得了什么，定能产生紧迫感，再也不敢炫耀。

2. 要看到个人对团体的依赖

骄傲有时来自对个人力量的迷信，这个时候，你适合投身到集体协作之中。在集体中，你会发现一个人的力量虽然是重要的，但却不是全部。你还会发现那些平时轻视的人能够做一些你根本做不好的事。当你真正和别人形成一个整体，你会发现每一个人都有自己的特点，你只是其中之一，并没有那么了不起。这时候，你无法再夸大自己的力量，而学会懂得欣赏他人的优点和付出。

3. 要记住别人超过自己的地方

对付骄傲最有效的办法是正视和学习他人的优点。如果你愿意静下心观察，会发现每个人身上都有不可多得的优点，都有值得学习的地方。如果你放下身段虚心请教，会得到很多靠自己无法获得的知识，所以人们才说“海纳百川，有容乃大”。

骄傲最大的危害就是固步自封，看不到自己的劣势，也看不到别人的进步，以为自己已经做到最好。当别人都在弥补自己缺点的时候，你千万不要自大自满，要记得来日方长，笑到最后的人才是赢家。

不必向别人炫耀你的成功

炫耀不是一个好习惯，只是出于一种虚荣心，往往会给人留下浮夸的印象。真正成功的人不需要炫耀，更不需要亲口炫耀。炫耀代表了一个人的尴尬局面：高不成、低不就，想要得到别人的夸奖，又没到人尽皆知的程度，只能自己吆喝两句引人注意，这种成功不能算是真正的成功，最多算是人生道路上的一次小风光。

老彭近日鸿运当头，他先是签了好几笔大单，然后是他的儿子刚刚考上重点大学，还有他久病的母亲竟然好转，一天比一天硬朗。老彭认为自己时来运转，脸上的得意收也收不住，见了人总忍不住炫耀几句。

一天晚上，老彭和几个好友喝酒。有个朋友最近公司经营不顺，和妻子感情也出现了波折，心情非常低落。老彭刚开始也和朋友们一样安慰他几句，可酒过三巡，就变成拿自己成功的人生经验安慰朋友，告诉朋友人生都有低谷，只要挺过去，就能像自己一样，事业家庭双丰收。朋友越听越不对味儿，最后找个借口提早离开了。

事后，另一位朋友提醒老彭：“你自己春风得意，这是好事，但是也不用见人就吹嘘，尤其是在那些失意的人面前，你考虑过他们的感受吗？你这不是炫耀吗？”

最好的成功应该是一种自我激励，而不是对旁人的炫耀。忘记体谅别人的心情，一味地炫耀自己，这种成功带给你的是喜悦，带给他人的却是伤害。人活一世，总是憋着话在心里，有了开心事也不能畅快地说，有时也会觉得难受。其实，获得成功不是不可以说，但要讲究方法，如果把你的成功说出来，别人茅塞顿开，能得到不少启示，既满足了自己，又让别人受益，何乐而不为？所以，炫耀成功需要讲究时机，也需要讲究方法。

1. 少点自我标榜

自我吹嘘要恰到好处，不要变成自我吹捧。要把讲述的重点放在自己的奋斗过程上，而不是得到的成绩上。少说成绩的人会给人留下踏实的印象，你的形象会被人们自动放大。你的优点和成绩不需要自己评价，他人自有看法。

2. 先让别人说说得意的事

在同一个饭桌吃饭的时候，最怕的就是一个人在大谈自己的成功经验，而别人只能在旁边听着，既不能插话，也不能打断，说着说着，说话的人和听话的人都觉得尴尬。

欲扬先抑也是个好办法。想要夸自己，应先让别人自夸一番，挑个别人爱说的话题，这个时候，大家都有话聊，气氛才不会尴尬。

3. 如果旁人再三追问，坦然承认

人们对成功者常常带有一种夹杂着好奇心的学习意识。当别人诚心诚意地邀你谈谈成功之道时，你一再推辞，就显得不够大方了，不如真诚地说明。

第九章 ／ 面对紧迫：急到燃眉定得住

现代社会，人们行色匆忙，“急”成为生活的常态。性子急容易出岔子，做事急容易看不到漏子，说话急容易捅娄子。更糟糕的是，绝大多数事情都不是“急”能够解决的，只会让人干着急。与其慌乱无措，不如轻松直面。戒急戒躁是一种修为，临危不乱是一种格局。急到燃眉定得住，才是解决问题的关键。

脾气越急，越容易出错

人有百态才造就了人世百态，但在这“百态”中，急躁易怒是一种容易吃亏的姿态。急躁的人做事毛躁、急于求成，这就让他们比那些遇事冷静的人少了几分分析能力和辨别能力，变得一根筋。做事的时候，他们恨不得一下子就完成所有事，难免快手快脚，忽略细节，导致疏漏不断，这些小错误累积起来，足以影响大局。

不要说个性是天生的，无法更改，其实脾气急的人也有心细的时候，不然怎么会有“粗中有细”这个成语？脾气急的人更应该修炼自己的心性。

古代有位将军，行军打仗本事一流，声名远播，可惜他脾气不好，行事急躁，犯了不少错。这一天，将军问一位有名的禅师该如何提升自己，禅师说："我想这件事不用我再给你提点，你应该改掉你的脾气。"

"可是，我的脾气是天生的，根本改不了！"将军说。

"既然是天生的，一定时时刻刻都在你身上，现在请你把这脾气拿出来给我看看。"

"现在拿不出来，但我一与人争执，它就出来了。"将军说。

"既然不是时时刻刻拿得出来，那就是你自己控制不住，不能把责任推给上天，你现在和我说话能够心平气和，为什么与他人说话的时候就做不到呢？"

将军无言以对。

俗话说"江山易改，本性难移"，这也是急脾气的人常常为自己找的借口。然而，这种"天生论"很容易被驳倒，最简单的例子就是小孩子不会一辈子保持小孩子脾气，因为后天的教育和自我教育足以让他们完善自我。所以，"天生"不是保持急脾气的理由，如果一味地坚持自己的急脾气不肯让步，那么人生必然会遭遇失败。

做事想要仔细，就要克制自己的急脾气，耐心和细心都是急躁的敌人。不要迷信自己的天赋，认为自己做什么都可以一次定型；也不要妄想一步登天，以为只要做了就能成功。做事急躁的人总会遇到各种各样的小麻烦，他们并不是没有做大事的能力，而是总被一些小麻烦绊住脚，分散精力，以致更加毛躁。想要判断自己处世是不是太过急躁，可以参考以下几种表现。

1. 学习和做事囫囵吞枣

急躁的人不论学习还是做事，就像猪八戒吃人参果，拿到手连味儿都不闻就整个吞下去，然后安慰自己说“一口都没浪费，全都吃下去了”。这个方法固然在短时间内让你学到了最多的东西，可是能消化得了吗？能够转化为自己的学识和能力吗？上学的时候，我们也许可以用这种方式应付考试，可是如果没有扎实的学识和稳重的做事方法，真的能应付步入社会后的一次次挑战吗？学习和做事不仅要看结果，过程同样重要。

2．很少与人深入沟通

急脾气的人风风火火，来去匆匆，很少能静下心来和身边的人商量事情，听取身边的人的意见，往往刚听几句，就说“我知道了”，其实仍一知半解；常常只听一半就兴冲冲地去办事，事情办到一半才发现自己没听明白，只得回来重新听。他们以为自己节省了时间，殊不知效率降低了不止一倍。

3．炮仗脾气一点就着

脾气急的人爱发火，他们往往是直性子，没有坏心眼，但偏偏听不得别人与自己有不同意见，动不动就发火，发完火之后也能察觉到自己不对，后悔不已。可是，不该发的火已经发了，不想办砸的事已经办砸了，只能怪自己性子急、不够理智。

4．遇到变故沉不住气

脾气急的人最大的软肋就是沉不住气，他们也知道等待时机的重要性，却总是在时机不够成熟的时候迫不及待地开始行动，然后在遇到变故时急得团团转，更加不知所措。这个时候，他们的急脾气不但给自己带来损失，还可能给集体带来恶果。

从着急到后悔，脾气急的人经常重复这个循环，无法突破，如果总是抱怨自己的脾气，不想办法改善，只能陷入怪圈无法自拔。只有在日常生活中有意识地锻炼自己，在急脾气发作的时候克制自己，才能防止做出令自己后悔的决定。

令我们急到燃眉的，往往是对事情的看法

人们常常遇到紧急情况，如一次突如其来的见面、一次重大的考试、一个措手不及的变故，或是一场危及生命的灾难。燃眉之急当前，再冷静的人也会变得焦躁，让不安的情绪左右了理智，以致手心出汗，四肢僵硬，头脑混乱，语无伦次，有时甚至干脆破罐子破摔，大失水准。

燃眉之急有时是一种急切的状况，更多时候却是一种心理状态。人们在处于“灾难快来了”“马上就要失败了”“肯定完不成”等消极的心理暗示中时，会不断提醒自己情况有多么糟糕，情况还会更加糟糕。这个时候，左右心情的不再是紧急的情况，而是我们对事情的看法。在结果出现前，我们已经急得忘记去想解决的办法，而出现自暴自弃的心理。

能否应付燃眉之急，反映了一个人的心理素质是否过关。心态沉稳的人不是神人，不会在所有突发状况之前面不改色心不跳，他们只是会比常人更快地镇定下来，开始想事情的另一面，想解决问题的办法，这一切都让他们看上去更有定力。在大事面前，定力是操控全局的关键，它能够保证人们在面临危机时习惯性地开始思考，而不是乱成一团。

书房里，儿子急得团团转，他即将迎来一次考试。之前，老师早就划出了考试范围，他也已经将所有题目背熟，有信心取得最好的成绩，可今天突然得到消息——考卷改由另一个老师出题，以前划的范围全部作废。儿子不禁对妈妈抱怨：一旦这个科目考不好，就会影响总成绩；总成绩不能达到年级前5名，就会影响奖学金，还会影响到申请优秀

学生……

“你的心理素质真差。”妈妈一针见血地说。儿子不服，妈妈逐条给他分析，“首先，你着急的事是什么？考试范围发生了变化，你的准备泡汤了，可是其他人和你一样准备、一样泡汤，你们仍然站在同一起跑线上，情况并没有发生变化；其次，你忘记了你是一个努力的学生，平时学习很用功，即使出题范围变了，你未必考不出好成绩；最后，一科考试固然重要，但不应该把一个小意外想成全盘失败，这会浪费你的时间和精力。事情并没有变得糟糕，与其在这里着急，不如马上再去看一遍你的课本和笔记。”

真正令我们着急的也许并不是突发状况，而是我们应对这种状况时的心理。不论何时，心理素质都是决定成败的重要环节，在困难的时候更是如此。当我们为突发情况着急的时候，不妨看开一点，只有心理上镇定下来，才会有冷静的应对行动，不然就会像惊弓之鸟一样战战兢兢，还能做出什么成绩？如果觉得事情紧急，火烧眉毛，坐立不安，不妨参考以下方法。

1. 不要把困难看成困难

困难和紧急情况一旦出现，往往不可逆转，也不会顾及我们的能力和感受，这个时候只能以更强大的心理来容纳它。其实天大的困难也不过是一次失败，失败了重新来一次就好了，如果能有这样的心理，什么事都不能让我们皱起眉头。

有些看似困难的事其实并不会阻碍或者伤害我们，只是因为我们在心理上太过重视它们，让它们具有了威慑力而已。如果我们给一件事加上了太多情感色彩，不论是希望还是恐惧，都会增加我们的心理负担，所以保持平常心是应对困境的最好方法。

2．要坚定解决问题的信心

世界上没有解决不了的问题，逃避困难的人永远无法解决困难，害怕困难的人只会被困难压倒。也许你的能力还不够，或者你的经验还不足，但要记住，没有人是天生的成功者，困境正是一个考验你的意志，为你增加经验的机会。

面对困难只有两个选择：要么承认自己无能，接受失败；要么对自己的能力有信心，争取战胜困难。同样是选择，后者显然比前者更加积极，也更符合人生的基调。即使身边暂时没有“战友”，也要鼓励自己。

3．积极行动，减少伤害

突发事故让人手忙脚乱，这个时候要对突发情况做一些有益的反应，而不是停在原地坐以待毙，这是一种积极的心理暗示。你可以求助，也可以自救，总之不要消极地等待别人帮你。即使你被困在沙漠中，你要做的也是尽量寻找绿洲，而不是在原地被沙子埋起来。积极行动的人也许不能真的解决困难，但至少可以减少受到的伤害。

同样的困难，你看到乐观的方面，它就是机会；你看到消极的方面，它就是折磨。人世间的困难不知有多少，如果始终消极焦虑，早晚会被困难压垮，所以保持一颗平常心才是最重要的。

遇事不慌不乱，沉得住气

一旦涉及正事，心态沉稳的人会立刻显现出他们的优势：不急躁，不意气用事；思虑周详，有计划性，不会轻易吃亏；事情计算得清楚明白，所以总能找到解决问题的合理方法，比别人更先一步出手……总之，他们知道什么时候该说话，什么时候该行动，什么时候该观察局势，谋定而后动。

生活中，有稳定性格的人常常扮演领导者的角色，他们在任何时候都能理性地思考，并做出准确的判断，而不会因一时的情绪迷失方向，或因一时的脾气打乱全盘计划。其实，他们也会紧张，但从容的心态可以让棘手的事情变得清晰分明，让一团乱麻变得充满条理。这种稳定和个性有关，更需要一定的历练，我们应该有意识地培养。

一家销售公司的王牌销售员正在给他的徒弟们传授经验。他对徒弟们说："当你急于卖出一套设备，对方又表现出一定的购买兴趣时，要沉住气，沉住气才能卖到最好的价格。"

从前，这位王牌销售员也是个"愣头青"，拿那些"大刀阔斧"砍到最低价的买主很没办法，常常以较低的价格卖出设备，所以提成奖金一直不高。他一度认为自己不适合做销售，准备改行。他最后一次销售的商品是一套底价为25万元的设备，想到自己马上就要辞职了，他不再像以前那样和顾客讨价还价，而是冷静地听着顾客对这套设备挑挑拣拣，并根据顾客所挑的"毛病"，一一解答，据理力争，不急不躁。最后，沉不住气的顾客以35万元的价格买走了设备。

他突然发现，那些喜欢挑拣讲价的顾客才是潜在的买主，只要比他们更能沉得住气，多数情况能卖到好价格。靠着这条销售秘诀，他的业绩一路飙升，最终成为公司的销售主力。

人与人、人与事较量的不只是智力，还有耐力。你越沉稳，越能把控住全局。紧急情况虽然常常出现，但你的沉稳会让你冷静面对、寻找机会，下一步果断出击。那么，如何增加自己性格中的稳定因素呢？

1．确定自己的底线

每个人心中都要有这样一条线：可以接受什么、接受到什么程度，一旦超出接受范围，就果断掉头走人。如果不预设底线，人往往会犹豫不决、摇摆不定或一退再退。

一旦你确定无法接受某件事，果断放弃就是一种沉稳的表现，没必要为无意义的事情拖延，那样只会浪费你的时间与精力。放弃的时候更不要慌乱，即使那意味着新的麻烦即将来临。

2．不要轻易更改说过的话

对稳定最好的锻炼就是言出必行，说过的话不要更改，一定要做到底。有时候，你会觉得这是不知变通，会让自己吃大亏。但是，吃亏才能让你真正汲取教训，在下一次说话之前，想到上次的失败，你会更加谨慎，更加仔细地考虑计划的每一个细节。如此几次，你已经初步具备沉稳的性格，至少不会随口胡说，也不会随随便便去做那些超过自己能力范围的事，这就是一个巨大的进步。

3．困难的时候告诉自己坚持下去

坚持是稳定的基础，也是成功的关键。很多事情看似困难，却能在坚持中突破，如果选择放弃，就失去了成功的所有可能。所以，困难的时候一定要告诉自己坚持下去，这是一种缓慢而有成效的性格培养，可从心理上形成有始有终的惯性。遇到什么都不放弃，这种性格一旦渗透到事业中，会让你如虎添翼。

即使是佯作淡定，也会真的镇定下来

无论是在电影还是小说中，我们常常看到这样的场景：灾难即将来临，每个人都慌慌张张，只有一位英雄站在人群中，面色淡定，看上去胸有成竹，让人不禁对他心生敬佩。那么，英雄真的天生比一般人英勇吗？当然不是。英雄也是人，是人就会有胆怯之心。他们并非不知道情况艰险，而是明知艰险却不允许自己退却。因此，即使是佯装淡定，也要让自己以高姿态面对灾难。

一个刚从电影学院毕业的学生正在参加演员选拔，他很想在一位名导演的新片中得到出演男配角的机会。可是，看到选拔现场密密麻麻的应征者，他在心里打起了退堂鼓：这么多人参加选拔，其中不乏著名演员，自己还能有机会吗？

导演亲自监督选拔，他将报名的演员筛选一番，又让他们分组进行试演。毕业生不断鼓励自己："淡定点，没什么大不了。"就这样，他和几个人完成了导演的要求。选拔结果很快出来了，毕业生没有得到想要的角色。不过，导演留下了他的联系方式，并对他说："你的表演状态很轻松，不像新人那么僵硬，可塑性很强。这个角色不适合你，以后有适合你的角色，我会主动跟你联系。"毕业生没想到自己佯作淡定，会带来这么好的表演效果和运气。

面对困难，如果不能做到真的淡定，不妨先佯装淡定，反正事已至此，就把该做的事继续做下去。这个时候，你反而能正常发挥，甚至超常发挥，结果通常都不会太坏。想以轻松的姿态迎接挑战，不妨用以下方法：

1．“阿 Q”一些，运用精神胜利法

运用精神胜利法首先要在心态上将自己当成一个胜利者，告诉自己这不是一件困难的事，自己一定能做到，并将往日的成功经验作为自信的佐证。这时候，你就能鼓起勇气正视困境，迎接挑战。

2．想到最坏的结果，告诉自己没什么大不了

面对挑战，人人都会激动和担心，激动的是自己可能会获得成功，担心的是自己可能会遭遇失败。想要在这个时候淡定，就要事先想想最坏的结果是什么：是失去金钱，失去机会，抑或是失去他人的信任？如果这些结果你可以承受，那你就已经做好了接受最坏结果的心理准备。最坏不过如此，还有什么可担心的？

3．失败不失态

当你尝试了、努力了之后还是失败了，一定要记住——这个时候更要淡定！不要捶胸顿足、痛哭流涕，而要表现出做大事者的气度和格局。无论什么时候，淡定都是一种积极、理性的态度，它既能让你恢复冷静，又能震慑你的对手、说服你的同伴。

急于求成，往往是失败的开端

如今，“求成心理”成为人们做事的基本心理，每做一件事都是为了能有所收获，如果这收获来得比别人快、比别人多、比别人轻松，那就更让人高兴了。于是，有人为了成功，便寻找捷径，甚至靠钻空子快速达到目的。

失败也往往源于此。因为成功的愿望太过迫切，按部就班就变成一种煎熬。就像成语“揠苗助长”中讲的一样，想要禾苗快速长高，干脆将每一根拔高几厘米，这种努力只会让梦想以更快的速度化为泡影，那短暂的繁荣景象是泡影前的最后安慰。急于求成导致很多悲剧，但还是有人难以抗拒“速成”的诱惑。

古时候，有个青年拜后羿为师学习射箭。青年很刻苦，想要成为超越后羿的神射手，但年轻人难免急躁，他总是问后羿：“师父，我射得如何？有没有进步？”后羿是位温和的长者，每次都鼓励他：“有进步，但是还要努力。”

青年人心急，有一天对后羿说：“师父，你告诉我，要成为你这样的神射手，需要多少年？”后羿说：“10年！”

青年说：“10年太久了，如果我每天加倍苦练，需要多久？”“8年。”

青年更急了：“师父，如果我把吃饭和睡觉的时间也拿来练箭，是不是5年就行了？”

“不，”后羿说，“那样的话你成不了神射手，因为没几天你就累死了。”

急性子的人最大的缺点是急于求成，恨不得脚踏风火轮，从起点直接冲到目的地。但人生不是百米赛跑，而是翻山越岭的长途旅程，太过焦急只会让自己在半路迷路或累倒。做一件事不能太着急，只有注意劳逸结合，才能获得最好的效果。

急于求成的另一种形式就是走捷径。有的人善于动脑，能找到更好的方法倒也不失为一种成功；但仍有少数人没有这种头脑，他们只会耍小聪明、走后门、搞关系，靠着歪门邪道达到目的，还认为自己做得漂亮，比那些埋头苦干的“傻瓜”高明。其实他们才是真正的愚人，得到的只是短暂的好处，于长久并无益得。急于求成的人应该如何调整自己呢？

1．不要盲目乐观

急于求成便容易心存侥幸，让人忽视实际，甚至不制定长远的、周密的计划就开始行动。在过程中遇到困难，他们起初仍会保持自信，认为困难是暂时的，没过多久，发现困难是长久的，甚至是牢不可破的，便焦头烂额地补救。但是，前期准备太草率，补救也不可能到位，失败便成了必然。

2．不要偷工减料

喜欢动歪脑筋的人，把偷工减料当作成事的必备途径，他们会振振有词地说：“我虽然少做了一些事，但并不影响大局，也不会影响最后的结果，让自己轻松一点有什么不对？”但是，每件事都有其组成和步骤，你少做一点，最后的结果就会不同。起初，你不懂防微杜渐，少添的只是一块砖瓦，慢慢地就会变成整个楼层的质量隐患。所以，别轻易跳过某些步骤，急于求成者尤其需要注意这一点。

3. 不要认为自己比别人聪明

因为急于求成，行动便更加急迫，这就表现在别人还在做外围侦察时，他们已经单枪匹马地去冲锋了；别人在勾画撤退路线时，他们已经被敌人围困；别人终于准备充足，信心满满地开始叫阵，他们已经成了俘虏。按部就班地做事看似笨拙，其实却是稳扎稳打的做法。而自以为是地耍小聪明，只会更快地招致失败。

欲速则不达，任何优秀的素质都是长期储备、长期修炼的结果。没有积蓄过的力量无法爆发，没有蛰伏过的树木无法发芽。当你满怀雄心壮志想要做出一番事业，首先要想到的就是做好准备。储备越周详，就越不怕困难，成功也越能手到擒来。

坚持，转机就在下一秒

有些人认为生活很机械，甚至可以归纳为两点一线或几点一线，没有什么惊喜，也不会有什么危险。但实际上，生活从来不是一成不变的；相反，它充满变数，每一分钟都有可能发生转折。在转折面前，你的每一种选择都会导致未来出现不一样的局面。有的人选择了放弃，人生就可能止步于此；有的人选择了挺过去，人生出现了转机，开启了新的篇章。

美国一家电视台曾经录制了一期别开生面的谈话节目。导演请来一些特殊的客人对观众讲述他们的经历。这些客人之所以特殊，是因为他们都有遇险的经历。有些人在沙漠中迷路十几天，最后获救；有人在地震时被困在乱石中，在快渴死的时候被解救；还有人遭遇过海啸、泥石流等灾害。导演相信这期节目一定会与众不同。

但神奇的是，这些劫后余生的人的经验几乎是一致的：面对灾难，最重要的就是意志力，他们反复告诉自己再坚持一下，挺到最后就有生存的希望。即使人们不相信奇迹，奇迹也总是在那些求生欲强的人的生命中出现。

什么是转机？转机不可预测，却切实存在于每个奋斗者的奋斗过程中，曾经濒临绝境又绝处逢生的人，比旁人更相信转机会出现。在他们眼里，转机并不是一种运气，而是一种坚持。在困难的时侯，相信转机会出现，能够让人们变得坚强，而坚强反过来又能支撑人们继续坚持。如果你觉得坚持很难，可以尝试以下几个方法。

1. 多给自己积极的心理暗示

从概率来看，在相同情况下，每个人的机会都是均等的，但实际情况是，积极的人总能比消极的人获得更多的机会，因为积极的人总在寻找可能，而消极的人总想在迷茫中放弃，即使机会就在他们身边，他们也视而不见。所以，平时要多给自己积极的心理暗示，心态是积极向上的，自然就多了对抗困难的勇气和挑战困境的活力，即使暂时失败也不会让人灰心，一句“没问题，很快就会好转”的暗示，会让人有更多撑下去的动力。

2. 想想自己能够做什么

转移注意力，将对事件的恐惧情绪转移到对事件本质的关注上，反而能让你坚持下去。最简单的方法是把自己能做的事在心中列出清单，然后逐一分析可能性。如果你想改变现状，就应该立刻去做，任何努力都好过无所作为。

3. 耐心等待，不消耗任何精力

在努力中，还有一种情况需要注意，就是当你发现所有努力都不如原地等待时，那此时的等待就是最有意义的作为。不要认为行动都是有效的，如果你的任何行动不能改变现状，只会增加自己的危险和困难，那这种无用功就没有任何意义。

想要等待转机到来，就绝对不能给自己添乱。要明白保存实力的重要性，不要在机会到来之前倒下，想要挺得更久，更要积蓄实力和资本，既要考虑下一秒转机会出现，又要保证转机不出现时自己还能继续撑下去。

“挺住”作为一句口号，有激动人心的力量，一旦付诸行动，中间的辛苦只有自己知道。不管出现什么样的危机，都要抱定一种态度：撑下去，由此消除不必要的忧虑，耐心寻找机会，等待机遇。换言之，转机就是精诚所至，金石为开。

第十章　／　面对委屈：屈到愤极耐得住

在生活和工作中，每个人都有受委屈的经历。小委屈带来情绪上的波动，大委屈带来生活上的波折，有时人们为了实现自己的目标，不得不承受更多的压力，也会因此感到委屈和愤怒。承受委屈是一种勇气，克制愤怒是一种涵养。委屈到极点时，可在心理上修炼出自信，在行为上保持谦逊，才能得到更多人的尊重。

忍常人所不能忍，是为强者

在中国的文字中，“忍”是一个很形象也很有寓意的字。人们常说，心字头上一把刀，是为忍。人有七情六欲，忍并不是一种好受的滋味，有时候让你感到心痛，有时候让你像热锅上的蚂蚁。当你觉得全身的怒火聚集在心口，急于发泄，却能硬生生地将它压下去，继续以冷静的态度为人处世，这时你已经成为一个心理上的强者。

在非洲草原上，有两只狮子常年争地盘，水草肥美的地方羚羊就多，狮子的口粮自然也就变多。两只狮子的战争因一只狮子被咬死而宣告结束，活下来的狮子霸占了最好的地盘，还常常恐吓另一只狮子的遗孀和儿女，小狮子们在它的威胁下战战兢兢地成长。狮子妈妈常对小狮子们说:“不要去招惹我们的敌人，等你们长大了，有力量了，再去反抗它。”

小狮子们牢记妈妈的话，去遥远的地方寻找食物、锻炼体魄。几年后，那只狮子偶尔看到几只小狮子长得壮硕威猛，不禁心惊胆战，害怕它们寻仇报复，便远远地逃离了这片草原。

有耐性的人有强大的后劲。我们都知道“卧薪尝胆”这个故事，勾践用十年时间励精图治，打败仇敌，就是对“忍”字的最佳诠释。在忍耐中，小的事物能够变大，弱的事物能够变强，强者都是在忍耐中厚积薄发。不懂得忍耐的人只能依靠一时的实力和运气做事，只有那些懂得克制的人才能知道什么是委曲求全、什么是谋定而后动。

想要成为强者，先要有强者的耐性。生活并非一帆风顺，对于那些有所成就的人，生活常常是屈辱和挫折的综合体，为了更好地磨炼自己，他们敢于忍受常人无法忍受的东西。在磨炼自己的忍耐力时，他们会这样告诉自己：

1．不要因他人的强大而自乱阵脚

看到他人的强大，还未尝试，便已经心慌意乱，这样的人能有什么大作为呢？强者时时都有，且不论能力是否强于他人，你的心态就已经决定了高下。能力强于对方，保持谦逊；能力弱于对方，心不气馁，这样即使输了对抗也不输气度。

2．不要停下自己的步调

来自外界的干扰再大，也不要改变自己的步调，这是做人做事的根本。有时候，外界的压力让你觉得委屈、愤怒、不公正，但要相信这都是人生路上必经的事，每个人都难以避免，弱者会悲观叹气，强者则等闲视之。人们的压力往往和成就成正比，扛得住多大的压力，就能取得多大的成就。

3．有目的，更要有计划

一切忍耐都是为了实现自己的目标，如果失去目标，忍耐就成了懦弱。这个目标可以很大，例如人生理想；也可以很小，例如得到一份更好的机会。当然，光有目标是不够的，有了目标还要有计划，要确定下一个阶段自己想要得到什么。

真正的成熟不在于你能说出多有智慧或者多有哲理的话，而在于困难切实摆在眼前的时候，你能不能拿出一个解决方案；在于屈辱压到肩膀的时候，你能不能为了长远打算而暂时忍耐。历经忍耐，才能成为真正的强者，坚持下去，总会有实现目标的一天。

放低姿态，会赢得更多尊敬

谦虚低调也是一种“屈”，表现为处世上的低姿态。放低姿态不是一件丢脸的事，而是一种发自内心的平等意识和谦卑态度；它代表着尊重他人的意愿和性格，是在最大限度内求同存异。放低姿态，会让自己倾听到更多样的声音，获得更多的知识；同时，会让他人觉得你温文尔雅、进退有度，容易让人对你产生好感。

放低姿态也不是一件容易的事，因为人都有傲骨，有实力的人更是如此。想要始终保持谦虚，就要明白自己的缺点，承认自己的不足，时常接受别人的建议。不够谦虚的人不懂什么是低姿态，他们即使低头，神气上也带着不服气；不够宽容的人也不懂低姿态，他们即使让步了，也会带着“我是在让着你”的鄙夷神态。

一名小学徒自小便聪慧过人，过目不忘，且多才多艺，书画技艺精湛，令名家惊叹。小学徒的师父是个饱学的大儒，很喜欢这个小弟子，期望有天他能够功成名就。可是，也许是年少成名的缘故，师父发现小弟子浮躁傲慢，常常看不起那些苦读诗书之人。

一天，他对小弟子说：“如果你想要一粒种子开花，第一件事要做什么？”

“当然是把它种到地里。”弟子说。

师父点点头，说：“种子之所以能够开花，是因为它们愿意将自己埋在土中。人也是一样，只有先将自己埋入土中，才能开出饱学之花。否则，不到开花，便已经失去根基。”

小学徒思索片刻，明白了师父的意思，从此以后，果然变得虚心肯学。

浮躁的人很难谦虚，也很难有大成就；而那些对事业抱有敬畏之心、对长者抱有尊敬之情的人，能够得到的不只是指导，还有尊重。低姿态有时还表现为对待错误的态度，承认自己犯了错、愿意正视错误的后果、检讨自己的不足，都是谦虚的表现。错误并不可怕，可怕的是拒不承认、死不悔改。那么，在生活中，我们应该如何放低自己的姿态呢？

1. 低姿态不是没有尊严

很多人对“低姿态”有一种误解，认为放低姿态就是承认自己低人一等，有伤自尊。实际上，低姿态与“屈状态”不同。“屈状态”是有意识、有目的地改变甚至委屈自己，以此达到目标。而低姿态只是一种谦虚低调的态度，这种态度只是对自己、对他人的双重尊重。相反，那些总认为自己高人一等的人，才需要多多检讨。

2. 学会认输

低姿态的人有一个特点：输得起。失败时，他们会痛快地认输，向对手表示祝贺，认输，代表的是对别人付出的尊重，对别人能力的肯定也是一种成熟者才有的风度。在认输之后，因为心头没有负担了，反倒能够更冷静地分析对手的优点，弥补自己的不足。懂得认输的人不但会得到对手的敬重，还有更大的可能去超越对手。

3. 学会称赞别人的高明之处

每个人都有优点，低姿态的人之所以“低”，是因为他们看到了自己的不足之处，他们对所有人事一视同仁，只要对方身上有闪光点，他们就会称赞，继而学习。他们相信每个人都有比自己高明的地方，找到这些地方扩充自己才是最重要的。

需要注意的是，低姿态的本质是尊重，不是迎合，不能人云亦云，无原则地赞同别人，如果你没有自己的见解，只会做别人的应声虫，即使你的姿态再低，也无法得到别人的尊重。

面对侮辱，不做无谓争执

生活中，最难堪的事莫过于遭遇他人的侮辱。一位作家说：“当你被毒蛇咬了一口，你不需要知道毒蛇为什么咬你，也不需要马上打死它解气，你最需要做的事是马上解毒。”同理，当有人侮辱你，你的第一反应不是侮辱他，也不是想他为什么侮辱自己，而是静下心来想想如何改变这种受辱的局势。不论你是要向旁人解释，还是与对方言和，都是在你冷静下来深思熟虑之后才能做的事。

宋朝时有一个叫吕端的官员，才华出众，年纪轻轻就被任命为副宰相。这项任命引起满朝哗然。朝臣们都说：“这么年轻能有什么才干？恐怕是靠拍马屁才当上副宰相的！”面对这些猜测和诽谤，吕端从不争辩。

几个好友为吕端抱不平，想要告诉吕端谁在造谣生事，可是吕端却劝他们不必如此，他说：“我年纪轻，到这个职位难免有人说闲话，这也是人之常情。如果我不知道是谁说的，就能保证一颗平常心；知道的话，不但自己心里乱，看到他们也难免会埋怨，这样看来，还是不知道的好。”朋友们都赞叹：“这真是‘宰相肚里能撑船’！”

这件事很快传到朝廷上，人们都为吕端的心胸折服，再加上看到他能力的确出众，便都不再怀疑他了。

判断一个人是否成熟，主要看他在受辱时有什么表现。一个小孩受到侮辱会大哭大闹，因为他没有能力替自己讨回公道，只能以这种方式宣泄心中的不快；一个少年受到侮辱，会大打出手或针锋相对，一步都不会退让，因为对少年来说，尊严与面子比什么都重要；而一个心态沉稳的人受到侮辱，他懂得要维护尊严，但不必做无谓的争辩。解决问题必须抓住源头，处理问题也必须顾全大局，如此才是妥善行事的原则。

1．分析自己受辱的原因

受辱时首先要搞清楚原因：究竟是侮辱者的素质有问题，还是自己处事出了问题，或者是双方产生了误会。把原因分析清楚，解决办法也就会随之而来。受辱的时候，沉默是上上策，既可以保持头脑冷静，想解决的办法，又会避免因一时激动树敌。侮辱你的人未必是你的仇敌，也可能是你未来的合作者，没必要当众撕破脸。表现出宽宏大量，对方自然就知道收敛；如果他无止境地找你麻烦，你也可以先礼后兵，对他不客气，这时候，舆论也会站在你这边支持你。

人与人的相处难免会产生矛盾，对待矛盾的最好办法就是宽容。一个人想要得到什么样的待遇，就要先用这样的态度去对待别人，这是人与人之间交往的基础。对待矛盾更是如此，即使对方不讲道理，你也要先摆出自己的诚意再做打算。

2．触及原则，必须严词声明

当他人的言行涉及原则，甚至造成人身攻击或诽谤，那么我们必须以正当的方法对他提出警告，严重者对其提出诉讼。

3．宰相肚里能撑船

“宰相肚里能撑船”不是一句场面话，而是做大事的人必须具备的素质，如何对待冒犯你的人、轻视你的人、对你有敌意的人，甚至是你的敌人，都反映了你做事的气度。一个人想要得到什么样的待遇，就要先用这样的态度去对待别人。人与人难免产生摩擦，对待无意间的冒犯，最好的解决方法就是宽容，当你能够宽以待人，他人自然会宽以待你。

愤世嫉俗不能解决任何问题

我们都曾看到过这样一类人：他们往往有一些才能和成绩，但谈不上出众；他们对境遇不满，总是认为自己怀才不遇，并由此怨天尤人；他们有一个口头禅——真不公平；他们嫉妒那些比自己幸运的人，认为自己的不幸全然是时机不对，是不合理的规则埋没了自己……这类人就是人们常说的“愤世嫉俗”的人。

愤世嫉俗的人太过强调自我理想中的世界，更多时候，他们的哀叹和抱怨是他们能力缺陷的反映，即他们没有面对世俗的勇气和解决问题的能力。他们以愤世嫉俗伪装自信，掩饰胆怯，却解决不了任何问题。

有个孤儿从小聪明伶俐，孤儿院的老师都认为他将来会有出息，也都盼望他会被一个好人家收养。后来，一对大学教授收养了这个孩子，老师们都很为他高兴。

可惜，这个孩子并没有像老师期望的那样成为一个有作为的人，长大后的他总觉得自己不得志，常常借酒消愁，埋怨自己从小就是个孤儿，养父母也没能给自己提供更好的条件，社会更没有给自己一展才华的机会。

孤儿院的老师听说了这件事不禁对人感叹：“没想到他变得如此愤世嫉俗，可是他为什么不想想，当年他的养父母如果没能从几百个孩子里挑中他，他会过什么样的生活？如果社会没有给他求学工作的机会，他还能有时间发牢骚？愤世嫉俗不能解决问题，看不到自己的幸运，只能一生都活在不幸之中。”

幸与不幸，有时只在自己一念之间。就像故事中的孩子，他体会到了自己的不幸，却没有看到自己的幸运，不论是天生的聪明还是被养父母收养，都不能让他感恩，反而一味地盯着自己不幸的那一面。对天生才能的运用、对养父母的感恩都能使他过上另一种生活，但他偏偏选择没有任何作用的愤世嫉俗，这才是他不幸的根源。那么，人们究竟该怎样看待幸与不幸？

1. 世界上没有绝对的公平

抱怨世界不公的人并不理解公平的含义。世界上本来就没有绝对的公平，人从生下来的那一刻起，就没有同样的长相、同样的脾气、同样的境遇。有些人看上去比别人幸运，但实际上他们付出了更多的努力，也要承担更多的责任。有些人似乎比别人不幸，但他们拥有的魄力和勇气不是一般人可以媲美的。世界不公平，但它又存在着某种公平，你在缺失一些东西的同时，也必然拥有了一些东西，没有人能宣称自己一无所有。

2. 耕耘不一定会有想要的收获，但不会一无所获

人们之所以愤世嫉俗，多是因为自己付出了努力，却没有得到想要的回报，而别人看上去轻轻松松就得到自己梦寐以求的东西。但是，你怎么确定别人没有比你付出更多的努力？何况，你的耕耘并不是一无所获，至少你拥有了避免失败的宝贵经验。此时，你应该想的是如何改变方向，而不是怨天尤人。

3. 想要改变环境，先要改变自己

愤世嫉俗者总是认为自己怀才不遇，被大环境压制。他们梦想有朝一日能够改变这种环境，实现抱负，但是想要改变环境却不付诸行动的

人，只会永远被环境压制。

抱怨环境除了给自己增加烦恼外，不能带来任何好处，只会让自己陷入迷茫，在无力改变环境之前，你只能先改变自己。

4. 行动比怒骂更能解决问题

愤世嫉俗的人喜欢用激烈的语言表达自己的不满，这种方式往往会让周围的人也承担他们的消极情绪。愤世嫉俗者的最大特点是眼高手低，不知道自己该做什么，只知道习惯性地抱怨，其实他们最应该做的事只有一件：仰望天空，脚踏实地，通过行动改变境遇。

生气是拿别人的错误惩罚自己

人是情绪动物，面对生活中的喜怒哀乐，尤其是愤怒时，很少有人能完全克制住自己的情绪。尽管我们反复告诫自己不要发怒，等看到让我们发怒的事，所有的理智瞬间消失，我们会神态大变、情绪激动，甚至做出很多我们自己都不敢相信的事。可见，怒气一旦爆发，就容易失控。

仔细思考我们发怒的原因，除了一小部分关系未来前程的大事、个人感情的私事外，多数是日常小事。这些愤怒还有一个特点，就是往往跟他人有关：他人做错了一件事让自己气愤；他人说错了一句话让自己不自在；他人的一个眼神让自己越想越不对劲；他人如果故意找茬儿，那简直就是在挑战自己的尊严和底线，需要立刻迎战，这就导致我们越来越爱为那些不值得生气的事情生气。

在一次国家会议中，国王表彰了财政大臣的政策实用有效，那位大臣谦虚地说："哪里，都是因为国王英明，我才能想到这条计策。"国王听后更高兴了，给了大臣不少赏赐。

另外一个大臣看着眼红，不禁嘀咕了一句："有什么了不起，就会拍马屁。"没想到这句话说的声音大了点，连坐在最上边的国王都听得一清二楚，国王大怒："你说什么？"

"我……我……"大臣支支吾吾，连忙跪在地上。这时，财政大臣说："陛下，我就站在他旁边，没听到他说什么。"国王瞪着眼睛说："既然财政大臣大人有大量，我今天就饶了你，今后不要再胡说八道！"

下朝后，其他人围住财政大臣问："我们刚才都听得清清楚楚，你难道不生气吗？为什么还要帮他求情？"

"我为什么要生气呢？说错话的人又不是我。"财政大臣说，"真正有损失的人更不是我，我为什么要拿别人说错的话让自己生气？"

心态沉稳的人不是缺少气性，而是懂得理性分析事物，将愤怒平复。值得还是不值得，这是每个人在即将生气时应该首先考虑的问题。有多少事真的涉及生死性命？多数不过是一时的脾气，甚至是别人不经意做的一件事、一句话，如果真拿来为难自己，影响自己的生活，那定会得不偿失。愚人喜欢争闲气，智者从不自己找气生。那么什么样的气是"闲气"？

1. 为别人的错误生气

让我们大发雷霆的，一般不是自己的错误，而是他人的错误。他人的行动干扰了自己，他人的言论影响了自己，甚至他人的存在让自己不顺心，都可能成为愤怒的理由，而且我们会这样告诉自己：他做错了事，为什么要让我来承担不快？于是，发脾气就成了一种理所当然的行为。

这个时候，没有多少人愿意想想他人的感受或者他人的处境，也许让你生气的只是别人的无心之失。何况，既然你知道是别人做错了事，批评指正才是更好的选择，大动肝火，好像别人故意惹你生气，这样只会让人觉得你太没气度。

2. 为别人的语言生气

生活离不开语言，甚至在很多时候，他人的言语会成为影响我们情绪的最大源头。然而，每个人都有自己的立场和想法，说出来的话不可能全都合你心意，大多时候，你会发现别人说的和自己想的相去甚远。但对方有说话的自由，我们也有对此保持意见的权利，完全不必怒火中烧。

3. 为别人的冒犯生气

有时候，人们觉得自己被冒犯了，认为自己不被他人放在眼里，甚至认为他人在对自己冷嘲热讽。其实仔细想想，你的人缘真的有那么差吗？谁没事去冒犯讽刺别人？多半是你太过敏感多疑，把别人无心做的事当成了有意。退一步讲，就算别人真的轻视了你，生气又有什么用？只有成绩才能堵住别人的嘴，让自己扬眉吐气。

心态沉稳的人不会不把自己当一回事，也不会太把自己当一回事，他们认为人与人相处，因为个性差异难免会有摩擦，生气不过是拿别人的错误惩罚自己，既然自己做得好，又何必为他人的言行烦恼？

不要着急生气，克制比发泄更有效

人活于世，谁也不能说自己从来没有生过气，完全没有脾气。情绪本来就是生活的一部分，每一件事情经过我们眼中，被我们用心思索，都会产生一定的情绪，我们需要做的不是克制情绪，而是克制不良情绪，不要让那些负面情绪影响我们的心灵，干涉我们的生活，让我们变得暴躁悲观、冲动易怒。由此可见，生气也有学问。

情绪化的人一生气就要对自己或对别人发泄，发一顿脾气后，他们心情大好。如果这怒火指向自己，可以将其内部消化，一旦指向别人，就可能会给别人带来困扰或伤害。其实，相比发泄，克制才是对抗怒气更好的方法。实际上，愤怒的情绪持续不了太长时间，只要在当时克制住了，过后便不会再出现。

一个青年写了一封信给上海的一位知名作家，希望得到他的指教。一个月后，作家的回信才被送到青年手中，青年一看回信，火冒三丈：作家没有给青年提任何关于写作的建议，而是将青年信中的语法错误、句子错误用红笔画出，还列出几个错别字。

愤怒的青年想回信讽刺作家一番，他在花园里绕来绕去，想着这封回信该如何写。被风吹了半个小时后，他的头脑清醒了一些，想到作家在百忙之中还给自己修改文法、指正缺点，虽然他提出的问题可能不合自己的意思，但初衷不也是为了帮助自己吗？

于是，青年给作家回了一封感谢信，谢谢他对自己的指正。作家见青年虚心向学，不由对他多了几分好感，此后经常对青年指点一二，让青年受益匪浅。

青年人想要得到作家的指点，得到的却是不留情面的批评，起初青年人想要发火，冷静下来之后却写了一封感谢信，这就是一个心理成熟的过程。面对批评和非议，你可以选择大发雷霆，也可以选择虚心接受，哪一个能带来更多的好处？平心静气想一想就不难回答，不论起因还是结果，克制远远好过无意义的发泄。

心态沉稳的人擅长克制自己，他们懂得想要实现目标必须包容途中的怨气，当火气升高的时候，保持理性，不焦急，也不愤怒，冷静地思考最好的解决方法。从发泄到克制，其实是一个心理成熟过程。我们可以从以下几个方面提升自己的克制力。

1．温和地回应比愤怒地回敬更有效

温和地回应保持了个人的风度和礼节，让人与人的关系从剑拔弩张变得缓和，有助于事情的解决。所以，我们需要将温和当作自己的习惯，对待反对者也是如此。

2．保持理智，才能保证自己的正确

事实表明，一个人对事物的认识越全面、越深刻，他的怒气值就越低，自制能力也越强。足够的理智能够带来过人的自制。理智的态度能够保证结果的正确性，也让你说的话、做的事更有说服力。

人是情绪动物，培养理智是一个过程，需要长期实践。仔细想想你上一次发脾气是在什么时候？造成了什么样的不良后果？多多检讨，自然会在下一次同样情况出现时多一丝冷静，不再头脑发热。

3．培养毅力，加强克制能力

一位苏联教育家说，没有克制就不可能有任何意志。在诱惑面前，只有毅力能够保证自制力持续发挥作用，毅力代表的既是一种坚持，也是一种果敢的进取态度，没有毅力不足以成事，有毅力的人才能抵御诱惑、克制情绪、克制生活，朝着目标稳步行进，而不是旁逸斜出、朝三暮四，更不会因为一时冲动而耽误正事。

4．自我调整心态，保持情绪平衡

每个人看待事物的观点都不同，看到某种情况便下意识地做出评价，往往会造成不可挽回的后果。为了避免这种偏颇和冲动，在平日就要保持心态、情绪的稳定。要知道影响我们情绪的外界因素很多，如果想在形势复杂的时候保持理性，就要有一颗以不变应万变的平常心，平时不因小事而大惊小怪，大事发生的时候才不会乱成一团。

第十一章 ╱ 面对困难：苦到舌根吃得消

苦难是人生必经的历程，它让我们寝食难安、愁肠百结，但也为我们提供了丰富的经验财富、成长记忆。以更积极的心态面对苦难，我们的生活才能有更多的收获。对人要懂得慈悲，对事要学会达观，苦到舌根吃得消，懂得以乐观幽默直面人生。

苦中作乐，其实是一种智慧

人生如茶，细品之时就会发现，苦味是人生的基调，不同的是，通透的人能品出清香，知足的人能品出余甘，有毅力的人用它提神，有雄心的人用它醒脑……归根结底，每个人都会经受苦痛，即使我们做不到像圣人一样达观，也做不到每天用“天将降大任于斯人”来安慰自己，但只要具备一种对痛苦的忍耐力，做到敢于吃苦，便能从困苦中找到意义和乐趣。

能否苦中作乐的前提在于你愿不愿意接受苦难，并以积极的心态适应它。苦中作乐并不是自欺欺人，而是面对人生风雨时的达观与活力。

一位记者曾经讲过这样一个故事：

“那时我是个初出茅庐的报社记者，每天都有好几个采访任务，常常写稿写到夜里3点多。我也曾经想过这个工作太累，不如换一个轻松的，不过有一天的采访改变了我的看法。

“那天，我去敬老院采访一位83岁高龄的老人，他是省书法协会的荣誉会员。这位老人很健谈、随和，虽然生活在敬老院，但他的房间里摆放着各种字帖，每天与书为伴，生活很雅致，当我问他高龄是否给他带来不便时，他说：‘我要尽情享受生命的每一天，不会去想它给我带来的不便。’

“如果仅仅是采访这位老人，我不会有这么深的感受。让我印象更深的是在回来的路上，那时候我还没有车，只能不停地倒公交车。在一辆公交车上，我看到一个十几岁的小孩一脸疲倦，目光呆滞，就算有老人站在他旁边，他也不站起身——不是他不让座，而是他根本看不见，他似乎完全忘记了周围的一切，只是麻木地翻着手中的习题集。

“当活力盎然的老人和了无生趣的小孩同时摆在我面前，我突然明白生命的状态是由自己的心态决定的。你认为它苦，它就苦不堪言；相反，你认为它很好，它就给你无穷的乐趣。当我调整好心态后，发现原本枯燥的工作不再让自己厌烦，我开始积极努力，不到一年，就有了升职的机会，之后越做越好。”

很多时候，苦是一种心态，当你觉得生活苦，就能在外在环境中找到许多佐证。人生之苦不分年龄，不分性别，也不分身份。人生的乐也是如此，懂得寻找快乐的人到哪里都能找到令自己高兴的事，就像故事中的高龄老人，年纪给他带来行动上的不便和迟缓，但他却比年轻人更加懂得享受生活。

人生不怕没有快乐，只要有迎接快乐的心态，快乐总会在不经意间与你不期而遇。人生怕的是把自己淹没在苦水里，看不到任何光明和希望，每天不断地咀嚼着苦涩。人生固然有苦涩，但也有很多事让你恢复活力，将这些事找出来，就是在痛苦中寻找快乐。

1．肯定自己

很多时候，影响你意志的不是外界环境，而是自信心的丧失，一个人一旦否定自我，即使有再多的机会他也看不到，有再多的快乐他也不愿理会。当你觉得苦不堪言，首先要做的是重新肯定自己，找回过去那颗自信而执着的心。

肯定自己包括很多部分，肯定自己的能力、自己的付出、自己的个性，只要是你觉得可以欣赏的地方，都应该拿出来反复回味，并告诉自己这些东西曾带来怎样的成功，即使生活让你失去了很多，至少它们一直陪伴自己，只要像过去一样努力，就能渡过困难，重塑辉煌。

2．学会放松

觉得生活太苦的时候就要学会给自己找乐子，学会自我放松。你可以用心理暗示的方式告诉自己困难都是暂时的；也可以去参加一些有趣的业余活动，让自己疲惫的身心得到休息。有时“苦”的感觉只是因为你负重太久，绷得太紧，也许一次放松就可以让你身心得到休息和恢复，并且重回活力。

3．学会幻想

幻想是对抗紧张与不安的好方法。当你焦虑时，可以幻想自己正处在一个轻松的环境，也可以想想自己取得成绩那一瞬间的兴奋与得意，这些心理暗示都能让你打起精神来面对现实。但是，幻想虽好，千万不要沉迷其中。偶尔做梦可以激起人们对未来的向往，总是做梦就会影响人的进取心。人生是梦想与现实不断抗争的过程，不必在意一时的辛苦和痛苦，因为努力的人总会等到苦尽甘来的一天。

苦难不可回避，苦闷不如笑对

生活中，有人脸上总是挂着幸福惬意的微笑，有人却总是一脸的郁闷与痛苦，将生活的重担全部写在脸上。之所以会出现这样的差别，并非因为微笑的人经受的苦难少、郁闷的人经受的苦难更多，而是因为有人面对苦难会沉不住气，有人却懂得安静地积蓄力量。

每个人经受的苦痛不同，程度却大同小异，你可以选择哭着放弃，也可以选择笑着面对。选择微笑的人，往往是生活中的强者，他们不愿在困难的压迫下露出窘态，这样的自尊常常能够激发一个人巨大的潜力。微笑着面对苦难，是一种积极的生活态度，它承认现状的不易，更相信未来的光明。

约翰先生是底特律有名的皮鞋生产商，他曾经公开对人表示，最佩服的人是本市的水果商杰克逊先生。听到的人都觉得奇怪：约翰先生和杰克逊先生似乎从未碰过面，他们做的买卖也是风马牛不相及，约翰先生又是因为什么说自己佩服杰克逊先生呢？

在一次采访中，约翰先生说出了谜底。原来，十几年前，约翰先生还是个寒酸的皮鞋推销员，他的工作是敲开一家接一家的房门，推销一种牌子不响的皮鞋。即使每天累得腰酸腿疼，他也卖不出几双鞋，一天比一天绝望。每天早上起床，拿起廉价的鞋油擦皮鞋的时候，他都会想：不知道这份工作还能做多久，自己还能活多久。

一个冬天的夜晚，约翰还在工作，他敲着一间大房子的房门，前来开门的就是杰克逊先生。看到约翰穿得单薄，杰克逊先生请他进去喝了一杯咖啡，并买了一双皮鞋，他对约翰说：“我像你这么大的时候，还在别人的田里做果农兼推销员，每天连饭都很难吃饱。不过现在我已经是水果商了——相信我能做到的，你也能做到。”

杰克逊先生的话让约翰先生深受感动。从那天起，约翰先生重新鼓足干劲，他相信了杰克逊先生的话，并以杰克逊先生为目标，一步步走向了自己的成功。

一个推销员只有始终保持笑脸，才能真正地推销自己的产品。其实，我们之于人生不也是一次推销吗？笑着向命运推销自己，才能得到它的承认，取得成功。德国诗人歌德说：“如果你觉得自己渺小，那么你已经找到了巨大收获的开端。”笑对人生是一种乐观的心态，也是从渺小到巨大收获的开端。

1. 想想过去的辉煌成就，补充自信

遭遇苦难的时候，你需要补充自己的自信，以期待自己尽快渡过苦难时期。最简单的方法是想想你过去获得的辉煌成就。一个人一旦辉煌过，自尊心也会相应提高，不允许自己对苦难低头，而且成功时尝到过的甘甜滋味也会加倍激励自己再创佳绩。

在困难的时候千万不要想过去的失败。从过去到未来是个无法中断的过程，现在就是它们的连接点。用成功的心态看待困难，往往就能以成功联系过去与未来，否则就会从失败走向失败，由痛苦滋生痛苦。

2. 客观分析现在的困难，寻找解决途径

遇到困难的时候，不抱怨自己倒霉，而是把它视为一种考验、一种挑战。不为困难找借口，只为成功找办法。长此以往，自信心越来越强，遇到困难时的心理素质也越来越好。

每个人都需要一种“笑对人生”的心态，你把痛苦看得少一分，幸福就会多一分。你以超然的心态看待周围的烦恼，烦恼就会离你远去。五味俱全才是人生，既然享受了甘甜的部分，苦涩的部分也要微笑着面对，这才算真正的品味。

学会以德报怨，就不会有所伤害

生活中，最让人不能接受的痛苦.就是来自他人的伤害。有时候，这伤害是肉体上的，只是一时，而真正让人难过的是心灵上的伤害，欺骗、背叛、轻视、中伤……这些伤害会长久发挥着它们的效力，扭曲着人们的情感，侵蚀着人们的心灵，让人们对此念念不忘，始终生活在痛苦之中，不能自拔。

我国先哲们倡导“恕道”，提倡人们以德报怨。当别人做了伤害你、对不起你的事，多数情况下应该考虑原谅对方。如果一直对他人充满怨气，那么为难的不是他人，而是自己。以德报怨，其实是在给自己一个解脱的机会，让自己从怨恨与不满中解脱，变得更加平和。

古时候，魏国和楚国边界有个小县城，两国的村民都在这里居住。这里的土地适合种瓜，每年春天，两国的村民都会种下西瓜。

这一年大旱，种下去的瓜苗长势不好，村民们暗暗着急。魏国的县令看到这种情况，就鼓励大家一起去远处汲水浇瓜。村民们虽然辛苦，但见瓜的长势渐渐好转，心中也欣喜。谁知，楚国的村民看到这种状况红了眼，趁着夜深偷偷去踩魏国村民的瓜田，魏国的村民受了损失，群情激奋，准备晚间也去破坏楚国的田地。

县令听说了这件事，连忙阻拦说：“你们这一去，固然解了一时之恨，但你们有没有想过以后的事？难道，以后每年你们都要互相破坏瓜苗？”村民们觉得这话有道理，只好请县令想个好办法。县令说：“以德报怨是最好的办法，以后你们浇瓜的时候，顺便在他们的瓜地里也洒一瓢水，不费多少力气，又能帮助别人。”

魏国的村民按照县令的话去做，没多久，两国的田地都长得不错，楚国的村民看到魏国人以德报怨，十分羞愧。此后，两国村民世代友好，再也没有起过争执。

“以德报怨”和“以怨报怨”是两种不同的处世方式。在上述故事中，魏国有一个聪明的县令，他并不是以圣人心态治理自己的辖区，他采取的其实是一种现实主义的态度，为的是保住自己国家的收成，不让对方再破坏自己的劳动成果，而且花费的力气也不多，何乐而不为？有的时候，以德报怨就是这样一种低投入高回报的“好事”，关键是你要在心理上真正接受这件事。如何在心理上原谅对方？

1. 目光要长远，不要盯着一时的恩怨

不论是在心态上还是生活上，怨恨一个人都不会给自己带来开朗的心态，和某个人结仇也许会变成一枚定时炸弹，终有一天会突然爆发，扰乱我们的生活。所以，一时的恩怨很容易烟消云散，只要你愿意忘记，它就很容易变成过去。

2. 要给他人改正错误的机会

每个人都可能犯错，你怨恨的人也是如此。也许他的心里早已为此内疚，也许他已在行动上表现出这方面的意思，这时候，如果你们没有深仇大恨，不如给对方一个承认错误、改正错误的机会。因为每个人在成长中，难免会做错事、说错话，有时是无心，有时是一时偏激，如果你愿意宽容对方一次，对方也就获得了一次有益的人生经验。

3. 要检讨自己的失误，不要一味指责别人

与人有过节，有时候并不一定全是他人的原因，绝大多数是双方共同作用的结果，人与人的怨恨也是如此。所以不要一味护短，从不检讨自己，在你指责别人的时候，也要想想自己的所作所为是不是有欠妥当的地方。仔细揣摩别人指责你的话，平心静气地分析，也许就会发现自己也不是想象中那么“理直气壮”。

记住他人的好，懂得感恩

人生难免会有苦难，如果只看到苦难就开始怀疑世界上的一切人、一切事，完全否定他人，那就太偏激了。万事万物都有两面性，如果只盯着黑暗面看，自己也会变得越来越没有安全感。学着理性，学着乐观，才能看清生活的美好。

有一个孤儿出生时就被父母抛弃，在孤儿院生活。6岁那年，一对夫妇将他接走。夫妇二人结婚后一直没有生育，收他做养子，想要今后有个依靠。没想到3年后，夫妇二人有了自己的孩子。他们为了生计考虑，将孤儿送给了别人。孤儿哭泣着不愿意走，却被养父母狠心地赶出了家门。

第二家人虽供他读书，但也将孤儿当佣人对待，让他在家里干活。4年后，那家人觉得孤儿上学太费钱，不愿意再养他，任凭孤儿百般恳

求也无济于事，孤儿只好收拾行李，在一家饭店找了一份包吃包住的工作，从此开始了他的艰难人生。

在十几年的时间里，孤儿做过苦工，上过当，忍受了无数委屈，甚至当过乞丐。但孤儿生性倔犟，从来没有放弃出人头地的念头，最后他成了一家餐饮公司的老板。让人惊讶的是，他将养过自己的两对夫妻接到家里共同居住，像对待亲生父母一样对待他们。面对别人的不解，他说："为什么要只记得自己受过的苦？我只知道当年如果他们不给我饭吃，不给我住的地方，我根本活不到今天。"

对于那些心地仁慈宽厚的人，记得他人的好比记得他人的不好更重要，他们总会选择用别人的好抵消别人的不好，因为他们懂得知恩图报。

人与人接触，都希望在对方身上得到关怀、照顾、帮助，这并不是自私，只是一种惯常心态。但不能只是要求他人对自己好，而不接受他人不好之处。只有接纳别人的不好，并放大别人对你的好，才会给你的人生带来很多益处，因为：

1. 一个人的心胸决定了一个人的成就

做大事的人不能心胸狭隘，一个人总是记着旧日的仇恨。宽以待人，才能将有限的精力不浪费在斤斤计较上，才能培养出更高的格局观。

2. 面对伤害，需要有强大的心理素质

人生中难免要面对别人给自己带来的伤害、有时候这伤害是一时的，很快就能"一笑泯恩仇"；有时候伤害是长久的，留在心里成了挥之不去的阴影。这个时候想要原谅别人，忘记别人的不好，就需要强大的心理素质，既要有对对方处境的体谅，还要有全面的分析能力，看到当事人双方各自的失误，更要有长远眼光、自省能力等，当然这都需要平日的历练和积淀，最重要的是要分清孰轻孰重，懂得感恩和宽容。

3．懂得感恩的人，才懂得真正的生活

对待那些曾经照顾过你、关心过你、帮助过你的人，理所当然地要多一分宽容，更要懂得感恩，不该因在所难免的矛盾而心生嫌隙，否则生活也会渐渐失去情味，这才是人生的最大损失。

心态沉稳的人注重人格修为，他们不会忘记别人对自己的好，又能以现实眼光原谅别人的过失，于是他们既让自己开心，又让别人尊敬。

用一颗慈悲之心抚慰人世悲苦

人生路途中，难免面对伤害与痛苦，有时候是自己遇到了却无力解决，有时候是看到别人遭遇痛苦，虽由衷同情，却无能为力。林林总总的痛苦让人们备受打击，心里不免生出疑问：要用什么样的心态面对人世的悲苦？

小时候不停地哭闹时，如果有人说几句安慰的话，逗我们发笑，让我们开心，烦恼和悲伤很快就会无影无踪。长大后，虽然我们的烦恼可能不会因为几句话减少，但是知道自己被关心、被爱护，痛苦也不自觉地会减轻，至少在心理上是舒服的、愉悦的。而化解我们烦恼的人，就有着一颗慈悲的心。

心态沉稳的人懂得慈悲的重要，对人对事的慈悲，其实就是对自己的慈悲。你能够怎样对待别人，别人才能怎样对待你；想要他人、命运对你慈悲，你先要对他人、命运付出足够的慷慨。当你真正心甘情愿地付出时，内心会很坦然，不论出现任何结果，都不会觉得是一种伤害，因为你已经做了你应该做的事。

村子失火的那一天，农夫达尼正在山里种地，看到远处的火光，他扔下农具赶回去救火。当他赶到家中，发现自己的屋子被烧成一片焦土，而邻居杰克的屋子却只损失了一个屋顶，达尼问杰克:“我们是从小到大的好朋友，你怎么忍心只救自己的屋子？哪怕你在扑灭自己家的火之后来扑灭我家的火，我也会感谢你……”

杰克一脸愧疚，不敢抬头看达尼。大火来临的时候，他慌了神，只顾着扑灭自己家的火，根本没想到达尼家。此刻，他想起达尼曾对自己的帮助，想起达尼被烧掉的全部家当，越想越觉得自己是个自私的人。杰克总想用什么方法补偿一下达尼，可是达尼根本不理他。

就这样过去了一年时间，达尼搬到了更远的地方住，杰克开始做打鱼生意，且越做越大。这一天，他的雇工急匆匆地跑来告诉他：他的大渔船被火烧了，幸好发现及时，损失不大。令杰克没想到的是，这个发现火情的人竟然是达尼。

“你为什么还要帮我呢？”杰克百感交集，“上一次，我并没有帮助你，不是吗？”

“总想着过去的事有什么用？最重要的是我看到了，不想你遭受损失。”达尼说。

一个人受了伤害，当时一定难以释怀，但是如果一直不能释怀，就等于把这份伤害持续下去，被伤害的阴影一直笼罩着自己，反而造成比他人给的伤害还要严重的伤害。因为一旦你对某些事看不开，就会产生心结，这个心结会影响你对其他事的判断，让你产生某种偏见，对人格发展来说是一种极大的负面影响。

对他人慈悲其实就是对自己慈悲。慈悲能够让人更加平心静气地对待外界事物，有一份平静的心态，在任何时候都能保持超然，就不容易受到打击与伤害。那么，如何让自己具有慈悲心态？

1. 要理解他人的难处

人生在世，不是只有你一个人遭遇痛苦，每个人都有他自己的难处，想想他人的处境、他人的感受，就更容易看开眼前的事。况且，如果是你遭遇他人的情况，你未必会比他人做得更好。为他人着想、理解他人、愿意同情他人的遭遇，你就已经具备了一份慈悲的心态。

2. 要懂得别人表达歉意的方式

当别人为你带来痛苦，他未必没有愧疚感，有些人性格直爽，也许会直接向你道歉，希望得到你的原谅；有些人心思缜密，会小心地观察你的反应，然后才能确定用什么样的方式向你道歉；有些人不擅表达，也许他已经在用实际行动表达歉意，但你却没看到。

对于别人的歉意，如果能及时接受，会让双方都放下一颗心，化干戈为玉帛，所以要用善意的眼光看待别人的行为，这也是一种慈悲。

3. 不要事事想着回报

有时候，人们的心理落差不是因为伤害，而是因为自己的付出没有得到应有的回报，特别是当你全心全意地对待他人，他人却丝毫不知感激，甚至恩将仇报的时候。然而，付出并不是以回报为前提，事事想着回报，就会使自己整天生活在落差中，变得越来越自私，更不可能懂得慈悲。

众生平等，你受苦的时候，别人也在遭受着其他痛苦，如果能对自己、对他人都有一份宽容之心，就能减少自己和他人的痛苦，从而更相信人性的美好。慈悲会使人的心态由爱自己转向爱更多的人，从而做出更多造福大众的事业。

吃一些苦，让生命更有价值

在悲观的人看来，生命就是一个吃苦受累的过程。人生下来第一声啼哭，是因为马上就要开始经历苦难的人世；小时候认真学习是苦，因为缺少了玩乐时间；长大了拼命工作是苦，因为付诸所有的劳动不过是为了一份不算多的工资；当父母是苦，因为有了更多的负担；年老了更苦，因为生病与死亡马上就要到来……

在他们眼里，看不到出生的意义，感受不到奋斗的快乐，体会不到感情的价值，他们总把人生当成一滩苦水，想要摆脱，又发现自己没勇气寻死，也不想放下责任，于是他们的苦成了自苦，成了消耗。他们并非体会不到欢乐，却总是把欢乐浸在苦水里一同喝下去。他们常常说生命没有意义，自己太过平庸、缺乏价值。也许，他们只是没吃过真正的苦。

以什么样的心情享受是一种选择，以什么样的心态吃苦却能反映一个人的城府。从出生到死亡，人无法避免压力与痛苦，并不是只有自己苦，这是世界的规律、生命的规律。人活着并不是为了受苦，而是尽量在苦中寻找快乐。真正的城府在于一种对事情的消化能力和引导能力，承担了事实，承受了痛苦，然后在心理上将经历的这些当做经验，把事情向更好的方向引导，让生命更有价值，这才是生命的意义。

毕业后，小李在一家公司打工，他遇到一个十分难缠的上司。这个上司是个爱挑刺的男人，对待新人时刻观察留意，一有问题就说个没完，还会把这些事告诉老板。更让小李受不了的是，一旦工作出了问题，上司就会把责任全部推给他，这时候知道真相的同事也不会为小李说一句公道话。

半年后，忍无可忍的小李选择跳槽。在新公司，小李成了优秀员工，可是又遇到了一个麻烦的上司。这个上司脾气暴躁，动不动就骂人，骂得十分难听。小李为人很有礼貌，受不了上司动不动就吐脏字，又想辞职了事。小李的姐姐劝她说："哪个新人刚开始没吃过苦？想要成功，你要吃的苦还多着呢，现在就受不了了？而且，世界上怎么会有十全十美的上司？如果上司要求严格，你就尽力达到他的要求，这对自己难道不是一种促进吗？"小李打消了辞职的念头，工作更加努力，渐渐地，上司对他的印象越来越好，将他当做重点培养对象。

人们对待苦难不外乎两种方式，一种是以消极的态度对抗它、仇视它，要么是无休止的抱怨，要么是逃避。故事中的小李在最开始时选择的就是这种方法，另一种方法是以积极的态度接纳它、正视它，包括积极的承担，把它视作某种提高自己的机会。相信小李成为重点培养对象后，再想想自己挨过的骂，想必滋味大有不同。

苦难能够促进人的发展，是心灵成长的催化剂，它能使人在短时间内变得成熟。而长久吃苦会磨炼人的耐性和韧性，使人在环境的压力下积累智慧和能力。能力不够可以用努力弥补；他人别有用心的刁难，可以用成绩回击。到你成功的那天，一切苦都有了它的价值。那么要以什么样的心态面对"苦"？

1．不要逃避吃苦

每个人都想有轻松的人生，"吃苦受累"这个词听上去让人望而却步。可是，成长的每一个步骤、生活的每一个方面，都有让我们吃苦头的一面。当你想要休息娱乐，却不得不去做那些必须做又让你觉得无趣的事，这种苦闷也让你觉得生活缺乏趣味和活力。

但是，吃苦也是生命历程必经的一部分，也许还是最重要的一部分。道理很简单，想要学会拳脚功夫，最先要经历的事是挨打。挨的打越多，越能学习别人的招式，寻找别人的漏洞。如果打你的人门派不同，你学会的就是针对不同套路的克敌方法。吃苦是一种学习、一种锻炼，有成就的人必须吃苦，否则只能当绣花枕头。

2．要搞清楚问题的关键

生活中，一些难题让我们吃的苦头最多，有时我们缺乏经验，根本不知道如何应对；有时我们脑筋转不过来，想不到最好的办法；有时候我们没有先见之明，错过已经到手的机会；有时候我们性急，在事情尚未明朗前就开始行动，使后果更加严重……

有问题就要解决，不论多难的问题，都有一个或几个关节点，冷静分析，找到这些关节点，用最大的精力攻克这些部分，难题也就解决了一大半，剩下的细节只要有耐心和足够细致，也能很快解决。搞清关节，就是解决问题的关键，让我们尽量减少吃苦头。

3．战胜苦难才能走向成功

比起吃苦，苦难让“苦”的程度又增加了几成，像由灾难痛苦堆积成的猛兽，让人全无招架之力。不够勇敢的人总是想躲开苦难，贪图享受的人从不想承受苦难，很多人在困难面前游移不定，他们对人说自己在思考解决的办法，其实是在左右徘徊，不敢向前迈步，不断纠结要不要换个方向。在时机不成熟的时候，回避困难的确是一种策略，但大多数时候，需要你迎难而上。

懂得自我解嘲，达观对抗残酷命运

某电视台想做一个关于长寿的节目，需要去采访一些老人，问问他们长寿的秘诀究竟是什么。记者们避开那些地理位置极其优越、适合长寿人群的地区，而是在城里选择一些90岁以上的老人作为采访对象。他们发现这些老人并没有什么养生秘方，甚至不怎么锻炼，靠的仅仅是一份良好的心态。

人生在世，每个人都会遇到很多打击和痛苦，没有一份积极的心态，心情只能随着际遇起起伏伏，顺利的时候开怀大笑，困难的时候消沉悲观。但是，人生的不顺利总是多过顺利，苦难也总是多过甜头，随着年岁的增长，更要经历很多年轻时不曾体会的挫折压力、疾病困苦、生离死别，旧日的欢乐好像再也回不来，明日的欢乐却看也看不见。这个时候，不想让痛苦压垮自己，只能寻找办法战胜痛苦。

华教授是大学里最受欢迎的教授之一，每次他开选修课，报名的人都会爆满，外系的人都会闻名而来，课堂上总是有旁听生。华教授不但课讲得好，为人也受到学生们的尊重。

华教授是个残疾人，右臂只有一半，他的行动不方便，只能拿左手写字，每次上大课放课件的时候，动作都要比其他老师慢几倍，这时候他会笑着对学生说：“胳膊不够长，用时间长来补，大家等一等，等一等。”他从来不把自己的缺陷放在心上，学生们都很佩服他的达观。每当他不以为然地说起自己的右臂，用幽默的方法化解自己的不便，学生们越能够体会什么是真正的自信。

在生活中，什么样的人最容易受人尊敬？是那种明明受过很多苦难，依然保持达观，愿意以幽默、积极的态度对待人生，并以善意对待他人的人，就像故事中的华教授。面对这样的人，多数人会觉得汗颜，会觉得比起他们，自己受到的苦是如此的微不足道，但是却远没有他们那么看得开，不禁会对这样的人肃然起敬。

达观，是一种对人对事的积极自信，当生活给予人们苦难的时候，有些人愿意以达观的心态容纳苦难、克服苦难。他们知道不论是苦是甜，生活都要继续，不以笑脸面对，就只能哭或板着脸，为什么要让自己看上去像个被击倒的失败者？不如自我解嘲，然后继续努力。那么，在日常生活中，我们如何保持达观的心态？

1. 用幽默化解失意

幽默是化解失意的最佳办法。生活中，我们难免遇到考试挂科、情场失意、工作瓶颈、家庭纠纷等事，更糟糕的是这本应是你自己的事，却有一大堆人在旁边看热闹，有人劝解，有人安慰，有人说风凉话，这个时候，最好的办法是什么？

自嘲是一种挽救失败形象的方式，通过嘲弄自己，以一句幽默话把事情淡化成不值得一提的琐事、不值得悲伤的小事、能够成为笑料的蠢事，就连失意也会随之减少。与其让你的失败接受旁人同情的目光和别有用心的嘲笑，不如让别人捧腹大笑。

2. 用嘲笑淡化缺点

面对缺点，有些人装作根本没有这回事；有些人遮遮掩掩，生怕别人知道这回事，如果有人说起，多半还会恼羞成怒；还有一些人非但不遮掩、不回避，还敢于自我暴露，告诉别人“就是这么回事，你们看好了”。这是一种坦诚，也是一种高人一等的自信，它显现出的勇敢与风度总能获得他人的尊敬。

自我嘲笑是自我超脱的一种方式，它可以让人以幽默的姿态摆脱尴尬，而且面带笑容，用调侃的方式自我贬低一下，流露出来的并不是自卑，而是更大的自信，让你看上去更有魅力。

3. 用信心挑战失败

对多数人来说，失败比失意要严重得多，失意只是一时的气闷，失败却可能是长久的努力全部化为泡影，这个时候，人们已经无暇去想身边的人在做什么，他们首先要过的是自己的心理关，从打击中站起来，还要应对他人对这件失败的非议与质疑。以成绩证明实力毕竟还需要时间，在尴尬的时刻用幽默回击质疑比驳斥更有效。

第十二章 ／ 面对欲望：烦到心乱静得下

人生在世，大麻烦常有，小麻烦不断，如果不好好控制，“烦”就不仅仅是一种心理状态，还可能转换为生活状态。心烦就会意乱，注意力乱了，主意也跟着乱，事情的结果也会乱。所以，心烦的时候首先要让自己静下来，做到冷静思考。烦到心乱时若能平静下来，烦恼便不值一提；看得透大事小情，便能化烦恼为智慧。

世上本无事，庸人自扰之

“烦”是现代人标志性的口头禅之一，我们每天都能在各种场合听到这个字。在因红灯暂停的公车上，有人说：“烦死了，这么慢，迟到了怎么办”；在人头攒动的餐厅里，有人一边打电话一边露出不耐烦的神情，只差拿筷子敲盘子；在堆满文件的办公室，很多人神经高度紧张，以厌倦的神色加班到深夜……他们脸上的疲惫和厌倦让他们没有力气找人吐苦水，只能变成嘴边一个无奈的字：烦。

人生的烦恼无穷无尽，从出生那一刻，就要为生存烦恼；长大后，学习、恋爱、工作都伴随着大大小小的烦恼，没有人敢说自己没烦恼，烦恼有大有小，心态有坏有好。即使有再好的心态，也经不住日复一日单调烦躁的生活，而且有时候想要寻找一块清静的地方，寻觅一点悠闲的情致，却发现自己没有那份闲暇，需要解决的烦恼那么多，根本没有存放闲情逸致的地方。

唐朝时，名将郭子仪是平定安史之乱的大将，也是皇帝倚重的肱骨之臣。他为人低调，与朝臣们关系良好，从不招惹是非，他知道古往今来劳苦功高的大臣很容易引起皇帝的疑心，所以做起事来小心翼翼，从不抢风头。不过，自从他的儿子郭暖娶了皇帝的女儿升平公主，他便觉得日子不太好过了。

皇帝的公主金枝玉叶，难免脾气刁蛮。郭暖也是个有脾气的人，常和公主发生争吵。有一次，郭暖喝醉了，又和公主吵了起来，还一巴掌打了公主，并且嚷嚷："你的父亲是皇上有什么了不起？如果没有我的父亲，他不知道能不能当这个皇上！"这件事很快在朝廷中传开了。

郭子仪听了吓得不轻，他心想，这件事如果被别有用心的人拿去做文章，岂不是要被扣个"谋反"的帽子？他连忙将郭暖绑了起来送给皇帝发落，皇帝却说："不痴不聋，不做阿翁，小孩子们闺房里打架，怎么能当真呢？"郭子仪虚惊一场，不禁感叹皇帝的大度。

世上本无事，庸人自扰之，如果用理性的眼光看待一切，就会发现很多事情并没有那么复杂，根本不会发展到让人心烦意乱的程度。多数时候，你采取装聋作哑的方法，烦恼自然而然就会消散，而那些没法消散的，烦恼也没用，何必自己苦了自己？在生活中，要能够辨别什么样的事值得烦恼、什么样的事根本无需烦恼，例如下面这些事，千万不要为它们伤脑筋：

1. 无法更改的事

如果事情已经有了决定性的结论，不论结果对你来说是不幸还是郁闷，是好还是坏，它都已经成了一个再也不能更改的事实，你能做的只有尽量消化和接受，因为无论你做再多的努力，投入再多的感情，也是无用功，根本不能给你带来任何实际益处。

和无法更改的事较劲儿就是做蠢事，还不如赶快想想下一步该怎么做，不要为无法更改的事烦恼，那只会让你的心情越来越糟糕。

2. 芝麻绿豆大的小事

一个人是否整天都生活在烦恼中，也和他的心胸有直接关系，他人给你带来的麻烦有时很不起眼，如果你连别人踩你一脚都要唠叨，别人说你一句都要气上半天，你的生活还有什么快乐可言？对那些芝麻绿豆大点的小事，能忘则忘，一笑了之是最好的。计较那些不值一提的事，只能显得你太看不开、小心眼。

3. 和你无关的、别人的私事

有时候人们的烦恼并不是因为自己，而是因为他人的状况，如果对方是与你亲近的人，你有烦恼还可以理解，如果是根本与你无关的人，你长吁短叹就太过多愁善感，让人怀疑你是不是林黛玉转世。他人的烦恼，他人会自己解决，你再烦也使不上力。何况，他人也许只是抱怨几句，实际情况并没有那么糟，你想都不想就开始为对方着急，未免太过劳心。如果涉及别人的私事，你烦起来还会有越权的嫌疑。

4. 真假难辨的事

有些事传来传去，谁也不知道真假，比如说办公室传出小道消息要裁员，你为此饭都吃不下去。但这件事是真是假无法考证，你还没得到确切消息就开始烦恼，未免杞人忧天了。何况，就算真的裁员，你确定裁下去的一定是你吗？

心态沉稳的人以一颗平常心对待生活，即使遇到烦恼，他们首先想到的是冷静，他们把烦恼局限在一定范围内，坚决不让烦恼人为地增多。处理烦恼需要智慧，也许每天都会有意外让你头疼，但至少你要告诉自己：烦恼已经够多了，千万别再给自己添乱。

欲望让我们越来越浮躁

社会学家曾经调查过人们普遍的烦躁情绪来自何方，其中，“欲望得不到满足”是最重要的一项。欲望是人生的原动力之一，每个人都有，这没有什么不对，但太过看重欲望的人难免遗忘生活本身的多面性，把满足欲望看做成功的唯一标准，心态难免变得浮躁，表现为现代人脸上越来越多的不耐烦与不满足。

浮躁让人的幸福感不断降低。人的幸福感完全是一个心理状态，你觉得满足，你就是幸福的，即使粗茶淡饭也能甘之如饴。一旦欲望过多心灵成无底洞，那看什么都不会满意，即使锦衣玉食也会觉得空虚。浮躁的心态让人们习惯以否定的眼光看待一切，对一切挑挑拣拣，对生活有很高的要求，即使达到这个要求也不满足，还会盯着更高的地方，完全不考虑自己的实际能力。

浮躁，让人越来越贪婪。浮躁的人恨不得抓住什么成绩都来证明自己，抓住一切来炫耀自己，这种贪婪是心理上对成功的追求、生活中对物质的追求、人际上对赞美的追求。他们只希望自己得到的再多点儿，但生活给他们的往往只有“一点点”，这让他们永远无法得到满足。

一个农民和一个商人一起赶路回家，在一座山里发现了一堆别人丢弃的羊毛和布匹。商人连忙捡起羊毛背在身上，农民背起羊毛，觉得太重不利于赶路，就捡起了一些布。

过了一个山头，他们看到有人丢掉了一些银质餐具，农民便扔掉布匹捡了一些银质餐具，商人身上的羊毛太重无法弯腰，但他还是捡了一些餐具。

两个人继续赶路，突然一场大雨降临，商人因为负重太多不断摔倒，当他回到家里，不但羊毛全都被雨水弄脏，那些餐具也不知去向，还因为淋雨得了一场重病，而农民快步回到家中，卖掉银质餐具，过上了富裕的生活。

每个人的生活都是一个从需求到满足的过程。需求和满足对等，就有幸福感，需求和满足差距悬殊，或是因为能力有限、运气不好以致需求常常得不到相应的满足，或是欲望太多，需求从来没有得到过满足。就像故事中的两个人，商人只注重满足，根本不考虑自己需要多少、能承受多少，而农民按需而求，才过上了富裕生活。

心态沉稳的人懂得选择，更懂得放弃。他们清楚地知道一个选择能够带来的后果，更重要的是，他们知道每个人的选择数目有限，不要贪心地认为世界上所有的好运都会降临到自己头上，这种不切实际的想法只会让自己连到手的东西都抓不住。所以在这个故事中，商人抓着越来越多的东西，而农民只要他认为最贵重的。看起来农民得到的少，实际上他的日子比商人更幸福。那么，远离不切实际的欲望有没有什么秘诀？如何才能让自己更踏实？

1．正确评估自己的能力

每个人都有很多需求，不论是实际需求还是幻想中的需求，都可能成为追求。但是，想要满足需求首先要具备一定的能力，不论是动手能力还是动脑能力，都要能保证你的追求，否则你就是在追求一些根本不符合现实的奢侈品。这种东西一旦变多，你就会连现生活都过不好。对自己有一个清醒的认识，追求那些和自己的能力、现状相符的东西，才能实现更高的目标。

2. 以踏实的心态度过每一天

浮躁的人常常觉得自己悬浮在空中，眼睛里看到的都是云彩，摸到的也是空的，脚下踩的不知是什么东西，随时可能踏空。这样一天一天过去，除了欲望有增无减，生活却越来越无力乏味。而那些脚踏实地的人，脚下踩着自己的一亩三分地，眼睛看着自己的目标，手里拿着自己的收获，即使有烦恼，也在实实在在的生活中得到了安慰。这就是浮躁与踏实的区别。

3. 志向要远大，行动要微小

整天做梦的人有很多雄心壮志，越是有雄心，就越是看不上生活中的那些小事，觉得以自己的才华，做这些事未免委屈了自己，日子一长，肯在小事上用心的人都开始做大事，而天天想做大事的人只剩下雄心壮志，连小事都没做好。

好高骛远也是一种浮躁心态，有这种心态的人每天都处于“怀才不遇”的烦躁状态，导致他们看着手边的小事越来越不顺眼，慢慢地，连这些小事都做不好。而一个踏实的人能知道小事是大事的基础，小成功能够带来大成功。

心灵上的满足需要一份平和踏实的心态，否则即使得到了成绩，也觉得不值一提，仍旧为还未实现的“理想”烦恼，与其为那些远在天边的东西彻夜不眠，不如放下浮躁，在自己前进的方向上迈出一步，哪怕是一小步。

珍惜当下，才能抓住美好的明天

一些人的生活太过热闹，就会产生一种空虚的念头，仿佛忘记了生活的本质，过着根本不是自己想要的生活，即使有很多消遣，依然认为生活其实不该如此。但真正的生活究竟是什么样子？他们又说不明白。如果非要说个所以然，思索半晌都会说："就像当初那个样子""就像年轻时那个样子""像我想象中那个样子……"

那么，究竟什么是"当初""年轻""想象"？提炼一下，就是充满热情、想象和对未来的干劲，而不是整天想着琐碎的烦心事、每天做着麻木重复的动作、每天都在面对自己厌烦的事。而产生这种厌烦的最重要原因是对明日的失落感，想到今天如此无聊、郁闷，明天也不得不如此，就会对未来失去兴致。

想要明天更加美好，抱怨今日是没有用的，珍惜今日才是最要紧的事，你想要的明天都在今日孕育，今天你朝气蓬勃，对什么事都积极主动，明天你就可能有所收获，就会朝理想又更迈进一步。明日是目标，如何走，是不是走在想要的方向上却只能看今日。你耽误了多少个今天，就耽误了多少个明天；抓住多少个当下，就抓住多少种可能。

一位青年作家经过几年的积累发表了很多作品，然后推出了一部长篇小说一炮而红，成了当年最畅销的文学读本之一，他也被突如其来的巨大成功冲昏了头脑，整天沉浸在他人的夸奖之中，"少年得志""不可限量""文坛新星"等称呼接踵而来。作家今天接受电台采访，明天参加作品签售，被“粉丝”前呼后拥，好不风光。

一年后，作家突然厌烦了这种生活，因为越来越多的人给他留言，说他的作品不如从前了，根本没能超越自己，甚至出现了退步。作家预感如果这种情况继续下去，他的“粉丝”和名气会迅速流失，他说不清自己的心情，只好向一直尊敬的一位老作家请教。

老作家说:“你想一想，用一年的时间写一本自己想要的书，和写出几本书赚了很多版税、得到读者称赞，哪个更让你高兴?”作家思考半晌，回答说:“当然是写书更让我高兴。”“那么你不应该为一时的光环耽误写作，如果不能抓紧时间充实自己，很快你就会被淘汰。”

青年作家听了老作家的话，从此谢绝了一切采访和活动，潜心读书写作，他出的书并不多，但每次出书都能给人带来惊喜，那些曾经不看好他的人也不得不承认他是个真正的作家。

每个人都明白“珍惜当下”的道理，但人们对“当下”的理解大多有所偏差。例如故事中的少年作家，他曾经认为当下就应该是出名的风光、“粉丝”的拥护、出版一本又一本书，等到他发现这种生活并不是自己想要的，才明白真正的当下是耕耘、是努力、是杜绝杂念一心一意做自己的事业。人们理解的当下是享受，但真正的当下应该是付出。

对有心人来说，当下应该包括这些方面：你正在做的事、你所在的环境、你所接触的人而所谓的“珍惜当下”，就是尽量做好正在做的事、尽量从现在的环境中学习经验、尽量与接触的人友好相处，这些事都值得你去付出，而不是匆匆忙忙地想做更伟大的事、盯着更好的环境、接触更有名的人。要知道你的一切来自当下的回报，而不是不切实际的明天。那么，如何能够认真地接纳当下?

1. 用心体会当下

真正的快乐不是来自对未来的憧憬，而是来自今日的生活，憧憬再美好也是虚的，只有生活才是实实在在的。当下有很多事值得你去体会，例如生活中出现的乐趣与问题、与人相处时的喜怒哀乐、事业上每一次进步和挫折，不论是好是坏都是你生命历程中的一部分。想要成为一个充实而快乐的人，必须紧紧把握当下。

2. 在当下提炼智慧

人生的智慧来自哪里？答案是当下。今天，你努力学习课本知识，牢记每一个知识点，举一反三地做了很多习题，还向老师问了一些扩展性问题，看上去只是勤奋好学，但是明天它也许就会变成试卷上的满分，后天就变成面试时恰巧询问的考题，大后天就成了工作中大家都在挠头的难题。

智慧需要在当下提炼。当下是一本没有声音的教科书，只要你努力阅读，并且把成功与失败一一记在心里，明日就会成为高人一筹的资本。

3. 为明日做打算

所有的当下都是为了明天。我们努力地活在当下，为的是能有美好的明天，对一个人来说，一份切实的理想、一份可行的计划和当下的努力一样重要，理想能让人拥有面对困难的勇气，计划让人拥有更高的效率，人生不是单行道，但提前确定好方向，减少绕道的时间，可以让你的生活更加轻松。

人生就像一张存折，想要得到明天的财富，今天要做的就是存款，如果透支了今天，明天迎接你的只有赤字和债务。要保证自己的一切都有意义，就要珍惜当下的每分每秒，这样才能向着明天迈出坚实的一步。

名利并非不可求，适可而止最关键

对名利的追求是现代人最大的烦恼之一，有时候人们觉得自己特别烦，烦到了混乱的程度：想要的东西太多，每天都在追求，最后才发现收获的东西却如此之少。如果再与别人对比，更觉得自己做了许多无用功，那些付出变得毫无意义，仅仅是为填饱肚子，继而无休止地抱怨，慢慢习惯了凡事都不懂得感恩，只觉得自己亏损严重。

然而，当他们有所收获的时候，这种焦虑不但没有缓解，反而更加严重，因为他们不论取得多大的成绩，得到多大的好处，都会觉得太少，不知不觉中，他们已经变得贪心，以贪婪的眼光看待一切，以功利的标准衡量一切，甚至把物质当做生活的全部，认为只有名气和金钱才是最重要的，其余都是不值得一提。

古时候，一个皇帝想要寻找一个品德高尚又有能力的人做宰相，但他不知该如何选拔。想了很久，皇帝终于想出了一个好主意。

这一年年底的时候，皇帝派太监传旨给几个劳苦功高的大臣，说皇帝知道他们的辛苦，想要趁着年底奖励他们，请他们去皇宫仓库里随意拿赏赐。大臣们兴高采烈地随着太监进宫，太监给每人一个麻袋，告诉他们拿多少都可以，皇帝不会过问，然后走出仓库。

大臣们看到满库的财宝和布匹，不禁心花怒放，他们将绫罗绸缎和金银珠宝塞满麻袋，还不忘在袖子里、口袋里塞进金子，有人还把绸缎缠在腰上。只有一个大臣选了两匹布、几个精致的摆件就走出仓库。后来，这个大臣被提拔为宰相。

太过贪心的人总想一口气吃成个胖子，不过就算真要变成胖子，也要看看有没有那么大的胃和那么强的吸收能力。而且，在选择宰相这个关口奖赏大臣，皇帝的用意很明显，几位大臣显然被贪欲冲昏了头脑，以致无法正确分析形势。不论如何，见好就收的人得到的总比那些贪得无厌的人要多得多，至少在心灵上，见好就收的人容易得到满足，贪得无厌的人觉得他们什么也没得到。

现代社会，人们追求物质生活，但多数人忘记了节制的存在。而真正有城府的人明白对名利的追求只是人生追求的一部分，如果让它占据了所有时间，人生就会变得狭隘，所以，他们更愿意把追求局限在一定范围内。见好就收也是一种境界，能够及时克制欲望的人，烦恼总会比别人少得多。那么，如何在生活中做到这一点？

1. 合乎实际的生活要求

一个人的生活只有讲求实际，才有可能越过越好，如果总是盯着那些远远高于自己能力的享受，只会因现实与幻想的落差而烦恼。古代有一个叫颜回的人，他的生活要求是：一箪食，一瓢饮，在陋巷。他的境界是“人不堪其忧，回也不改其乐”。只需要满足最基本的吃住就能快乐。我们对生活的要求不可能像圣人那样简单，思想也达不到那样的高度，但至少不要整天幻想着电视剧里的那些豪宅大院、珍馐御膳，这才能在平凡的生活中得到切实的快乐。

2. 合乎能力的事业追求

事业追求是人生追求的重要部分，对多数人来说，也许是最重要的部分。人们总是觉得理想越大越好，其实事业上的追求越切合能力，越容易做出成绩。

不必总是盯着那些热门工作和高薪工作，那些工作虽好，却未必适合你，也许那些不引人注目的冷门工作更能让你潜下心来钻研。随着能力的不断提高，你的事业可以逐步扩大，所以在一开始的时候，还是要选择最适合自己的，而不是看着最好的。

3. 检查生活中的缺失，追求全面发展

当人们为金钱绞尽脑汁的时候，所有的时间和精力都扑在事业上，不知不觉就忽略了很多东西，如感情、娱乐、健康，如果获得名利必须以牺牲其他方面为代价，至少要保证这个代价在你的承受范围之内，不要为了名利让自己失去一切。这样的话，即使有了名利，也会觉得生活疲惫不堪、烦恼不断。

人往高处走，但这个“高”不是靠名利堆起来的，心态沉稳的人注重个人的全面发展，在任何方面都追求一种均衡、一种满足，而不是过犹不及，所以他们既可以接地气地生活，也可以追求高远的精神享受。

放下过去，自然能静下心来

人们有一种恋旧心理，迷恋过去的成就，当他们通过自己的努力得到了一些东西，就很难从心理上放下它。对于他们来说，那是对自己能力的一种肯定，是自信的来源，是通向未来的资本，也是自己存在价值的证明。他们如此迷恋这些东西，给它强加上了许多额外意义，于是成绩不再是成绩，而成了一种迷信。他们固执地认为有了这些，明日依旧可以一帆风顺，却没有发现这些东西太过沉重，已经减慢了他们迈向明天的脚步。

对于过去，很多人想要忘记遗憾和伤痛，唯独不想忘记曾经的辉煌，因为那是最足以骄傲的部分。他们越是放不下，越会拿过去与现在作对比，想来想去还是过去好，并为“今时不如往日”烦恼不已。一路走来，他们对过去的收藏越来越多，把大部分时间用来回味，把小部分时间用来计划将来，他们在将来看不到光亮，却总在过去寻找温暖。

对过去的回忆多了，就会成为负累，负累一旦过多，就会造成心灵的超载。超载的主要表现就是很难心平气和，总是觉得生活一团乱麻，不明白过去为何那样顺利。其实，过去未必顺利，只是那时候的你清醒而有热情，看到困难不会大惊小怪，遇到烦恼也不会唉声叹气，现在的你遇到烦恼不是源自过去的理智与活力，而是过去的成绩与回忆，从而导致你对现实不满，让自己越来越心烦。

古时候，一个官差去外地办事，半路上，他丢了自己的马匹，只能徒步行走。

第三天，前方出现一条大河，官差暗自叫苦，他急中生智，在附近村民那里借了一柄斧头，砍伐了一些树木扎成木筏，成功地渡过大河。

前方是一座大山，官差害怕山那边仍然是河，就把木筏扛在肩膀上。山上的老农问他：“你为什么要扛着木筏登山？不觉得累吗？”

官差说了自己的理由，老人大笑说：“你是不是傻了？登山者要尽量减轻负重，渡河者才需要舟楫，你怎么能扛这艘木筏？”

“那你说，前边再有大河怎么办？”官差问。

“前边若有河，可以再想渡河的办法，你背着木筏登山，岂不更加耽误时间？”

对于想要渡河的人，一艘木筏就是工具，但对于登山的人，轻装上阵才是最好的选择。不论是背着木筏去登山，还是不用工具就想横渡一条大河，都有些想当然。用一种方法战胜了困难，就以为月这种方法可以战胜一切困难，能够屡试不爽，这种对过去成绩的肯定已经成了迷信，注定要耽误更多的时间。因为只有将方法用对了才叫方法，否则就是愚蠢。

迷恋过去在多数以上的情况下会造成人的愚蠢。一个失恋的人如果用过去恋人的标准找一个一模一样的，那么找到的只有失望；就算找到了也不过是过去的替身，说明你一直活在过去，根本没有前进。过去的东西即使再好，也已经过了时效期，不是过时了，就是变质了，总之都变成了你的负担、烦恼的根源，只有将那些事放下，你才能静下心做事。那么，你必须放下的过去是什么呢？

1．过去的成绩

每个人都或多或少取到过一些成绩，有些还是足以让人自豪的。但是过去的成绩不能保证将来你也能获得一样的成绩，如果认为自己已经足够优秀，便开始故步自封，头脑里容纳不了新的东西。为过去的成绩沾沾自喜的人，往往是因为现在混得不好。只有放下过去，把每一次尝试都当做新的开始，才能每一次都全力以赴。成就青睐那些孜孜以求的努力者，而不是那些整天炫耀过去的驻足者。

2．过去的经验

我们若去寻找失败的原因，会发现有时是因为缺少经验，以致不懂得如何应对突来的难题；有时却是因为太过依赖经验，根本没有发现刚刚出现的新问题。

我们遇到的事情从来不像加减法那么简单，不是所有问题都能用一加一等于二这种单线思维解决。世界上没有一条实际经验能让你度过所有考验，过去的经验也许是成功的，但那也是你摸索的一部分，不能当做定理使用，一定要牢记经验是死的，人是活的，活人不能被死经验支配。

3．过去的执念

对于过去的某些美好事物，人们通常会形成一种执念，认为过去的那些就是最好的，再也找不到那么好的东西。基于这一点，看现在的所有东西都是厌烦的，恨不得一切统统消失，一瞬间回到过去，这种执念严重时会影响到人的价值观和人生选择。

对过去的执念，来自对今日的不满。因为现实不合自己的心意，就在脑子里回忆过去的种种美好，其实过去未必有那么好，当需要一个避难所逃避现实时，过去无疑是最好的选择，过去的什么都是好的，反正回不去，无法考证，索性在假象中不断美化，变得越来越美，直到成为一种幻想。把现实生活和幻想作比较，心理落差当然越来越大。

生命的意义不是回忆过去，无论是过去的成就还是美好。生命的意义在于超越自我，只有那些过不好今天的人，才让自己一直留在过去。当过去已经成为一种负担，不能给你回忆以外的东西，还为你添加了很多烦恼，你应该果断地放下这段过去。人要向前走、向高处走，而过去却是从上游流过身旁的河水，如果你总是转过身子看着它，就再也看不到前面的路。

常怀感恩之心，让你不再计较

在生活中，烦恼大多来自计较，每个人都有自私的一面，想要保护自己的感情不受伤害，保护自己的利益不受侵害，难免会在得失之间多了许多心思，看看自己是否失去了什么，算算自己的付出到底有没有价值，这种心思一旦扩大，烦恼就会接踵而至。

在你挖空心思计算自己的付出与得到的回报时，有没有算过别人对你的付出？就拿最简单的一日生活来说，你得到了陌生人礼貌的让路，也许他根本没必要这么做；你得到上司在工作上的指点，而他完全可以让你自己去摸索；你得到父母充满关怀的电话，而他们完全可以把时间用在游玩上……如果在这样的情况下，你想到的是陌生人多此一举、领导小看你的悟性、父母过于唠叨，把好意都看成干扰，你的生活怎么会不心烦呢？

对别人的付出要心存感恩，因为对方完全可以不那么做，也不一定对所有人都那么做。别人之所以关心你、爱护你，或者是因为他们为人温和与体贴，或者是因为他们喜欢你、情愿照顾你。对前者感恩，是对一种人格的敬重；对后者感恩，是对一种感情的回报。如果一味自私地要求别人为你付出，除了计较还是计较，别人也会觉得厌倦和不值得，从而远离你，不再和完全不懂得感恩的你有什么牵连。

电视台正在采访一个残疾女孩，这个女孩出生时有一条腿畸形，经过多次治疗都没有改变，一只脚近乎残废。但是，女孩从小品学兼优，以优异的成绩考上重点高中，还成立了一个专门帮助残疾儿童的义工社团，为那些孤儿院的残疾儿童提供帮助。

记者问女孩，有没有抱怨过命运的不公？为什么会有如此良好的心态？女孩说她不觉得自己缺少什么，也不觉得自己受到了不公对待，她说：

“我很感谢我的父母，从我小时候开始，他们就无微不至地照顾我；我很感谢我的老师，他们格外留意我，时常鼓励我；我也感谢我的朋友，他们从不轻视我，在日常生活中给我很多帮助……拥有了这些东西，我觉得自己很幸福。”

感恩的人理解那些常常抱怨、不快乐，心里有委屈的人，他们会想自己有什么地方做得不周到，也会对他人的不幸产生同情心，这样一份温情的心态使他们的生活处处透着温暖，也使他们极有亲和力，让身边的人更愿意接近他们，因为在众人都在烦恼的时候，唯有他们像一方净土，看到他们，就明白了什么是生命、什么是生活。

计较不会让你得到什么，只会让你失去得更多。就像故事中的女孩，如果她怨天尤人，那么生命对她来说就是一场折磨，先天折磨加后天折磨，让她看不到生命的意义；不过，若她对身边的事一直存有一份感恩的心态，就不会整天想着让自己烦恼的事，先天条件虽然不好，但总是觉得自己得到了很多东西，生命对她来说就是一种幸福。在生活中，有哪些事我们不该过多计较，以此保持心理上的宁静平和？

1．计较得失

有些人把成败看做人生的唯一意义，他们只在取得胜利的时候高兴，而不断的失败会让他们心灰意冷，他们会不断比较从前和现在的自己，为一点小小的退步自责不已、寝食难安。自我要求高是好事，但太过苛刻地对待自己，就无法感受得到快乐。

对过去的人生要心存感恩，成长的道路难免风风雨雨，一路上却得到过不少人的帮助与提携，如果你愿意记得好的，过程就比结果更美；如果你时刻不忘坏的，那么连重新开始的勇气都提不起来。有得必有失，有失也必有得，与其计较，不如珍惜。

2. 计较喜怒

有些人喜欢“讲心情”，心情对了，什么事都是光明的、积极的；心情不对，任何事都是灰暗的、消沉的。绝大多数时候他们的心情不对，甚至有少部分人的心情从来没对过。他们经常说“烦，没心情”，什么事也不想做，而让他们没心情的，常常是一些小事。

会有这种状况是因为他们过分计较个人喜怒，把一个微小的情绪无限扩大，在旁人眼里，他们情绪化，有时还很极端。他们可以为一点争执而吵得天翻地覆，也可以为一句恶语哭天抢地，当然，更多的时候，他们只是“好心情全没了”。事实上，这种经不起任何波折，只重情绪不管场合的人，根本不会有什么好心情。

3. 计较利益

生活中，最常让人担心的是金钱，最常让人烦恼的还是金钱，金钱事关生存，有时候不得不计较利益，但是过分计较蝇头小利就会使自己只看到利益以及和利益有关的东西，慢慢遗忘生活中还有很多无功利的东西，这种心态就是人们常说的“小市民心态”。

整天计较小利的人会把生活弄得琐碎，在他们看来，生活就是大大小小的金钱兑换品和利益关系网。他们甚至忘了已经得到的利益，更不会因它们产生满足，而只会哀叹失去的那一部分，即使那些利益微不足道。

计较太多使人易老，而感恩却是一种重视当下的状态，懂得感恩的人愿意对自己的努力、他人的帮助以及自己的对手心存感激，因为那都是成长的助力。他们也对身边的人宽容和善，营建一个不计较、不怨怒的人际环境。感恩来自理解，感恩来自心中对美好的生活及告别烦恼的向往，感恩就是幸福的开始。

常常反思，是什么让你烦恼忧愁

对待难题，追根溯源是解决问题的必要步骤。当我们重新思索烦恼的问题，不妨问一问究竟是什么让自己如此烦恼？有没有可能找到烦恼的根源？有没有可能避免这种烦恼？当人们冷静思考过后，会发现烦恼大多来自生活中的小事，很少有人能完全淡然处之，遇到不愉快，烦恼情绪会自然而然地涌现出来，克制也许是可能的，但那烦恼感依然挥之不去。

找到了烦恼的根源却解决不了，我们不妨另辟道路，这就是快乐的根源。有城府的人不会整天唉声叹气，他们知道如何调节自己、寻找快乐，因为人心的大小有限，装的快乐太多，烦恼自然就不能再起主导作用。同样的心灵，为什么一定要装入烦恼？不如多想想那些让自己快乐的事。

快乐是内心的一种明朗而乐观的状态，它的主要表现当然是笑声。如果幽默能在生活中时时处处发挥作用，那么我们的烦恼就会减少一大半。即使是少部分的幽默，也会缓解我们焦躁郁闷的心情，让我们觉得生活有很多快乐。即使是烦恼本身，虽无可奈何也要乐观地面对。肯这样想的人，面对烦恼即使以调侃心态，也会让烦恼不再成为烦恼，至少不再让自己不胜其扰。

社区开了一家心理诊所，附近几个小区的居民起初不明白这个诊所为什么存在，大家的精神状况都很正常，谁需要去看心理医生？渐渐地，进诊所的人多了起来，多数人感觉自己处于失眠焦虑状态，想找专业的医生开点药。还有人心中总是充满烦恼，想跟医生倾诉，听听他的意见。医生对病人们说："世界上有一种病叫'烦恼症'，烦恼主要是心境方面的原因，没有药能解决，只能调整自己的心理状态。"

针对社区多数居民的烦恼状况，医生提出了一种"快乐疗法"，这个疗法分两步：首先要搞清楚自己为什么烦恼，是工作压力还是家庭压力？正视它并想办法解决它；然后多多接触快乐的事，例如看幽默的节目、常常参加集体活动、拓展自己的业余爱好，这些事都能起到很好的调节作用，让人心情开朗。经过医生的努力，越来越多的居民开始正视自己的烦恼，主动寻开心、找乐子，社区里的欢笑声越来越多。

现代社会，人们生活得越来越烦躁，多数人为生活忙碌，却忙得顾不上生活。生活需要笑声，生活在愉快氛围中的人才会拥有开朗积极的心态。倘若一个人早上睁开眼就是柴米油盐，晚上闭上眼还在想工作进度，他的生活本就已经忙碌到极点，如果没有欢乐的笑声为为舒缓，他以什么来抚慰自己疲惫的身心？

据科学家研究表明，在自然界中，人类与动物的最大区别就是人类具有丰富的表情，其实，笑是最重要的一种。可是，如果你愿意走上大街看看，就会发现满大街的行人没有几个带着笑脸，多数是麻木的、疲惫的、厌倦的，甚至你自己也是如此。究竟是什么原因使你不再想笑起来？让你不想笑的烦恼有哪些？多想一想，有助于问题的解决。

1. 给烦恼列一个清单，详细分类

把自己的烦恼详细地写在纸上，能想到什么就写什么，然后按照烦恼程度分为“大”“小”两类。先看小烦恼部分，你会发现自己每天都在为公车会不会晚点、超市会不会打折之类的事浪费时间和脑筋。对于这一类的烦恼，你应该尽量告诉自己顺其自然，不要让自己像个琐碎的主妇一样，因为还有许多大烦恼在等着你。

再看大烦恼，多数是与事业、感情、未来人生有关，只抽出最紧急的部分集中解决，对剩下的部分，用每一天的努力提高自己，如此一来，自然而然也就会解决。通过给烦恼列清单，你会发现大部分烦恼其实根本不用为之烦恼。

2. 清除负面能量

过多的烦恼累积在我们的心中，导致心灵负担过重，诸如抑郁、消沉、自卑、迷茫等情绪不断累积、相互作用，遇到烦恼时变得更加严重，长此以往，这些情绪就变成心灵上的负能量，有了强大的影响力，具体表现之一就是让你常常觉得做什么事都没意思、没意义；具体表现之二是你的脸看上去很疲惫，即使笑起来也觉得自己假。

心灵的负能量累积过多，甚至还会形成心理疾病，所以要时时加以清理，防患于未然。多接触那些积极向上的人、令你开怀大笑的事、多与人交流，也要注意休闲，如此，阴霾会逐步远离你，崭新的生活状态会让你焕发生机。

3. 理性生活，告诉自己平心静气

现代生活让人疲倦、厌烦，我们需要的是更多的冷静和理智去分析烦恼、解除痛苦、把握快乐。理性的最主要表现是烦恼出现的时候，我们知道那是必然，要泰然处之；困难出现的时候，我们首先会想办法解决，而不是抱怨；不良情绪出现的时候，我们想到的是立刻去调节，而不是听之任之。

此外，只要我们足够努力，对待不如意的生活所产生的情绪，无论是烦恼抑郁、悔恨愤怒、自卑消沉，也会被成功时的开阔兴奋、自豪积极所取代。人生的意义不是被烦恼折磨，而是在烦恼中超脱，追求真正的自我，建立真正的成就。

心态沉稳的人不会认为生活给自己的东西太少，在思维上，他们有应对烦恼的智慧；在心理上，他们有接受烦恼的开阔；在行动上，他们有战胜烦恼的能力。他们珍惜生活，所以愿意平心静气地对待烦恼、思考未来。当别人在为烦恼焦头烂额时，他们已经淡定地处理掉了烦恼，继续平稳地走在自己规划的人生中，不骄不躁、胸有成竹。

第十三章 ／ 面对窘境：困到绝望行得通

生活上的拮据、事业上的瓶颈、感情上的失意、心灵上的痛苦，人生难免遭遇种种困境，让人心生痛苦，甚至感到绝望。只有培养稳定的心态，在绝望来临之时保持忍耐和克制，才能寻找成功的机会。最重要的是，面对绝望时永远不放弃对未来的希望。这样的人才能时时发现生活给予的幸运，在绝望时发现通达之地。

别因为他人的评价，把自己变成懦夫

人活于世，难免会遭遇困境与绝望。绝望时，所有事都让自己沮丧，连天空都是灰的，曾经的信念塌了一大半，曾经的激情消磨得所剩无几。在绝望的人看来，所有的道路都被堵死，再也不能通过，人生似乎到此为止，再也没有超越的可能。因绝望而生的消沉情绪淹没了心灵，很少有人能立刻摆脱这种情绪。

人们的绝望首先来自他人的评价，很少有人对自己有清醒而正确的认识，他们需要旁人的佐证，需要旁人的鼓励和安慰，在做出一个判断的时候需要旁人的参考，如果旁人说“不行”，他们即使认为可行，也会心烦气躁，产生“也许真的不行”的这种心理暗示，这时又会察觉自己深陷困境。这困境貌似是别人带来的，其实却是一种心理上的自我包围，太把别人的话当一回事就会产生巨大的压力，使人在心理和行动上变得懦弱无力，认为自己无法突破这种困境。

但是，困难本身就是一种学习、一种锻炼、一种激发无限潜力的机会。有了困难，首先要有克服困难的决心，也就是胆气与勇气；然后还要有分析困难的头脑，这就让人由粗线条变为细线条；还要锻炼突破困难的能力，无论是计划能力、合作能力还是抗压能力，都能在解决问题的过程中逐步产生和提高。这时候，旁人的非议与评价可以当做一种参考意见，而不再是至理名言。

森林里正在举行一场鸟类演唱会，偶像歌手黄莺的高歌让动物们称赞不已，百灵鸟的歌曲也让动物们陶醉。这时，一只猫头鹰飞上枝头，张开嘴开始唱歌，它的叫声尖锐，听上去像在替死人哭丧，动物们纷纷抗议，让猫头鹰赶快下台。

于是，猫头鹰找到森林之王诉说自己的烦恼，它说，作为鸟类，它没有五彩斑斓的羽毛，也没有娇小动人的体态，它的脸怪模怪样，经常被别的动物嘲笑，现在连它的声音也成了被嘲讽的对象，它对自己的人生有些绝望了。

森林之王说："别人的评价固然重要，但别人的评价不能决定你的价值，你应该开发自己的潜能，才能证明自己的存在。"猫头鹰回家后想了3天3夜，终于明白自己的优势不在外貌和嗓音，而在于敏锐的视力、尖锐的爪子，它努力地捕捉老鼠，成了森林里的捕鼠能手。

如果把自我价值建立在别人的评价上，内心就为会真正的自信。他人称赞的时候，觉得自己无所不能；他人批评的时候，觉得自己一无是处。这种人最容易绝望，无论是长久的夸奖还是贬低，都会让他们的心灵越来越失衡，前者经不起偶尔的打击，后者长久地沉浸在自卑中。

我们要重视他人的评价，但别让他人的评价决定自己的人生。出于尊重而聆听他人的指教，出于礼貌而不去驳斥他人的不公，出于实用而采纳他人的建议，都是建立在自身理性思考的基础上，而不是听风就是雨，更不会因为别人的一句话就否定自己，这是一种强大的心理素质。那么，如何冷静地对待别人的评价？

1. 不能不信

就算我们对自己的条件充满自信，对自己做过的事非常满意，对自己的计划充满期待，但是站在旁观者的角度，他们可能有另一套看法，这种看法以他们的思维为出发点，不一定全对，也不一定适合我们，但其中注意到的一些问题可能是我们长久以来所忽略的，所以不要因为他人的声音过于刺耳就采取充耳不闻的态度，那将是自己的一种损失。

2. 不能全信

他人的话毕竟是他人的观点，不一定符合你自己的情况，有时候适用于这个人的办法，并不适用于另一个人。而且所谓的评价毕竟是主观的，就算看上去客观公正，也有不了解情况时的臆测成分，想都不想就全盘接受是一种不愿思考的偷懒表现，长此以往就会丧失判断力和分析力，变得越来越盲从他人。

3. 取其精华，去其糟粕

对他人的意见要采取“取其精华”的态度，那些你认为好的、有道理的，就应该毫不犹豫地拿来借鉴。那些你认为完全不切实际的，则不要予以考虑。还有一部分现在虽然没有用，但今后可能用到，或者现在想不明白，但觉得很有道理的建议，都可以暂时搁置，闲暇的时候拿出来想想，也许会启发你的思路。

4. 不要怀恨

别人对你说的话，不论是评价还是建议，不论是误解还是良言，不可能都合你的心意。有人喜欢说闲话，这种人不要理会；有些人为你着想，提意见，即使让你恼怒也不要怀恨在心，因为对方的出发点是为你好。何况，因为别人的一句话而恼羞成怒，显得你太没风度。

在生活中，我们无法避开他人的评价，也无法控制他人的评价，不论他人说的是什么，你可以依此改变自己，让自己越变越好，但不能因此否定自我，变成一个心理上的弱者。对待他人的评价，懂得合理取舍，才能为己所用。

多一分钟忍耐，就多一条路径

对绝望的适应首先来自于忍耐。我们都有负重的经验，当一个巨大沉重的物体压在我们的肩膀上，我们第一反应是“重死了！背不动！”但一旦放缓动作，放平肩膀，一点一点地适应重量，就渐渐能够协调身体，负重起身、行走。如果能保持平衡的姿势和步调，甚至能走很长很远的距离而不会被重量压垮。

人的心理对绝望的承受能力就像负重行走，你越是畏惧它，觉得不可能克服它，它就越是不可战胜。你耐下心来习惯它，它的重量就算没有减轻，也变得可以承受，因为你的心理承受能力正在逐渐增强。培养这种心理上的耐力，会让你轻松自如地应付人生的很多场合，哪怕是最危险的情况，这种承受力也能显现它的功效，保护你全身而退。

一个人走在大路上，突然看到前方有一只狗熊，吓得魂飞魄散，想要拔腿就跑，不过他很快便冷静下来，因为他不可能跑得过一只熊。听人说狗熊不吃死人，他立刻决定直挺挺地躺在地上装死。

狗熊走了过来，他屏住呼吸，狗熊反复闻他的鼻息，像在确定他究竟是死是活，这个人心里打鼓:“完了，它一定发现了，怎么办?”理智一次次提醒他一定要忍耐，他继续装死，祈祷着狗熊赶快走开，可是狗熊在他旁边绕来绕去，似乎在等他自己跳感到起来。

“完了，狗熊知道我在装死。”这个人这样想着，但他仍然一动不动，告诉自己:“忍耐一下，再忍耐一下。”这时，“砰”的一声枪响了，狗熊倒在地上，原来路过的猎人发现狗熊在袭击人，连忙举起猎枪。躺在地上的人迅速站起身，他没想到自己会以这种形式获救，心里虽然后怕，却又对自己的理智感到庆幸。

在本书中，我们不止一次地强调忍耐的重要性，在绝境中，忍耐就是你的一线生机。多一分钟的忍耐，就可能多一条道路。这条道路可能是思维上的灵光一现，也可能是天降救兵的峰回路转，这些转折谈不上奇迹，只是世事无常的一个表现，但至少能让我们相信人不会一直倒霉，只要忍耐下去，车到山前必有路。那么，如何在困境中保持忍耐?

1. 要安慰自己事情还有转机

人的思维能力是有限制的，我们永远也不可能有一双透视眼把所有事看得清清楚楚，也不可能有一个计算机式的大脑把所有情况算得明明白白，所以在任何时候我们都没理由说:“一切都完了，没有希望了。”除非事情的结果已经摆在眼前。

对自己说一切还有转机，可能是因为心中还有筹算，认为还有争取的余地；可能是一种自我安慰，它的核心是不放弃，对于任何事情，只要争取就可能是新的开始，放弃就意味着立刻结束。

2. 想到最坏的可能并做出打算

最绝望的也许并不是绝望本身，而是对事情结果的恐惧，脑中不断设想可能出现的坏结果，越想越糟，越糟越想，那么不如快刀斩乱麻，直接想出最坏的可能。

既然最坏的可能已经被你想到，就可以将其他时间全部省出来，集中思维想一想解决的办法；也许事情不能解决，那么就想想如何降低损失；如果损失不能降低，就干脆想想如何保护自己。在忍耐中，你应该为自己的将来做打算，而不是仅仅等待一个时机。

3. 转机出现时要立刻把握

只要你耐得住性子，多数难关都会出现转机，但是转机来得快，去得也快，可能你来不及把握。想要把握转机，事先就要明白什么是转机，然后仔细观察局势的变化，还要有敏捷的应变能力，分析出变化的后果。当你发现转机，哪怕仅有一种可能，都不要迟疑，不要长时间“深思熟虑”，而要立刻行动，要对自己说事情已经最糟了，不会更糟，这样才能克服优柔寡断，抓住来之不易的机会。

4. 不到最后一秒绝不放弃

看过篮球比赛的人大多有这样的经验：最后几秒钟，A 队领先 B 队两到三分，所有人认为胜负已定，没想到 B 队有人在最后一秒投球入篮，扭转了战局。在运动场上，即使是实力悬殊的球队胜负有时也是个悬念，因为拼搏的力量常常能使场上的人创造奇迹，使看台的人看到惊喜，这就是人们面对绝境应该拥有的态度。

失败不可怕，可怕的是你轻易认输

屡战屡败是能力问题，屡败屡战是勇气问题。如果一次失败就打击了你的信心，两次失败让你成了缩头乌龟，三次失败干脆让你转过身去寻找别的途径，那么你未免太脆弱了。

一个运动员在赛场上败给另一个人，口头上的认输是一种竞争的风度，也是对对手的尊重。倘若在心理上也向对方投降，总是认为对方高不可攀，不可能超越，那就等于给自己设立一道藩篱，面对这道藩篱时会充满胆怯和不安，这种心理便很容易让他一次次失败，让藩篱看上去越来越高，致使他完全在这座“人为高峰”前停下了脚步。

人要明白失败不等于认输。失败是事实上的，认输是心理上的。失败了可以用努力补救，认输了只能靠的回忆美化。没有任何人会永远失败，但认输的人很难得到成功，因为他们已经打心底里承认自己能力不够、运气不够，根本不相信自己还有成功的可能，自然也不愿意全力以赴再去尝试。认输，事实上是一种懦弱。

对年轻人来说，从事保险推销是一份艰难的工作，它看似上手快，却需要极强的耐力才能坚持下去直至有所成就。很多年轻人走上保险推销的道路后，因为无法忍受一次又一次的拒绝，失败感在心中不断累积，终于选择放弃。

有个中年人失业后在保险公司找到了一份工作，他原本认为以自己的社会经验和人际交往技能能够很快适应这份工作，可没想到的是，一连一个多月，他没有签下一份保险单，每天早出晚归，遇到的不过是拒绝和白眼。中年人心灰意冷，想要放弃这份工作。

“没有人一开始就是顺利的。”他的妻子对他说，“既然选择了这份工作，就要努力到最后，再坚持3天吧，就3天。”中年人按照妻子的话继续工作，3天后，他仍然没有签到单子。妻子说：“没有积累足够的经验当然会导致失败，再坚持3天，最后3天。”

这一次，中年人成功了，他在第三天顺利地签下了一个客户。第一份保单给他带来了信心，此后他的工作越做越顺利，一年后，他已经成为了一个优秀的保险推销员。

成功的可能存在于你想做的任何一件事上，除去那些太过不切实际的幻想，人做事情的成功率虽有高低之分，但不会是零。你尝试的次数越多，成功的概率就越高。最怕的不是失败，而是自己认输，一旦认输了，就是放弃继续挑战，放弃了成功的可能。故事中的主人公如果选择不再坚持，而是换了工作，就不会取得如此大的成绩。

此外，不要以一种抽奖的心态对待失败，机械地一次又一次地尝试，那样只会换来同样的结果。想要成功需要动脑子，一次失败了，下一次就要尝试其他方法，智力和耐力同样重要。倘若你在失败面前，丧失了坚持下去的信心和耐力，可以用以下信念鼓励自己：

1. 你不比别人聪明，但你比别人努力

人与人的素质有差别，起点也不尽相同，在生活中，一个不自恋、愿意以客观的眼光看待事物的人总能找到别人比自己强的地方，觉得他们离成功更近。这也许是因为他们比你年长、比你有经验，而你也有自己的优势。

即使你并不比别人更优秀，但你至少拥有一样东西：努力。不断努力能够弥补你和别人的差距。如果你愿意经常向别人请教，多学习别人的经验，这个差距就会越来越小。

2. 你不比别人幸运，但你比别人尝试了更多次

有些人运气好，做什么事似乎都能碰到天时、地利、人和，而有些人就差了些运道，即使能力足够、努力足够，机会总是轮不到自己头上，只能看着别人享受成功的喜悦。

运气是个无法捉摸的东西，但是没有人能背运一辈子。如果一时运气不够，你可以再尝试，或者主动去争取机会。如果你能让自己万事俱备，不怕有一天东风不来。

3. 你不比别人成功，但你仍在走向成功

清醒的人不会为眼前的小成绩沾沾自喜，因为在同一领域、同样的条件下，总有人做得比你更好、更出色，这个时候即使自卑也无济于事，或者说多此一举。值得庆幸的是你得到了成绩，而且仍在不断地完善自己，以后还会得到更多的成绩，只要你坚持下去，你的成功未必比其他人差。

转变思维，绝境变佳境

人们的绝望常常来自于自身所处的境地，绝望的人认为前后左右都没有光明，没有任何一种脱困的可能，越是这么想越是消极，越是不愿意行动，甚至在心理上已经对现实投降，只想赶快了结，认为即使是失败也好过这种不进不退的煎熬。一旦有了这种思维，头脑就会僵化，身体也会随之降低感应度，再也无法脱离困境。

绝望的处境最让人煎熬的其实是心理上的死角，总是想不开，也就只能在一个角落里憋着。如果这时有人“旁观者清”，给你指一条明路，困难就会迎刃而解，接下来的路也会走得顺风顺水。不过，我们身边通常没有这么一个旁观者，绝大多数时候，我们自己需要对困境有一个“旁观心态”，改变思维模式，从绝境中走出来。

古代有个负责进谏的老大臣，个性正直，敢于言事，经常上奏折批评皇帝的错误。有一次，他写了一个奏折批评朝廷的腐败，可皇帝没有理会，没办法，大臣只好在早朝的时候提起这件事。皇帝听了大怒，命人拿了两张纸条贴在老大臣嘴巴上，并说：“谁也不许给他求情，就让他这么站着吧！”

嘴巴封上，不能吃饭。不能喝水，等于是判了死罪，一些大臣想要求情，看到皇帝的脸色，想到他的反复无常，都不敢贸然上前。这时，一个大臣气冲冲地走到老大臣面前，一巴掌打在他脸上，大叫道：“你这个不识好歹的老东西，活该你落到这样的下场！”说着抡起手又是一个巴掌，满朝文武吓了一跳。年轻大臣的几个巴掌下去，老大臣嘴上贴的纸条被打落，原来他是想要用这种方法救老大臣。皇帝知道他的用意，但也不好说什么，只能不了了之。

老大臣被皇帝用刁钻的方法判了死刑，另一位大臣立刻用更刁钻的方法解除了这个死刑。可见即使是做同样一件事，考虑事物的角度不同，着手处不同，有人能把事情解决得非常漂亮，有人却只能干瞪眼，不知如何是好。这就是在同样环境下，有人一路高升，有人始终在拿同样薪水的原因。

做人要聪明，不能一味傻干蛮干，想事情要灵活，办事情才能更仔细、更全面，也更容易取得成功，特别是遇到绝境的时候，不能迅速开动脑筋，转化自己的思维以险中求胜，而是选择等待、做无用功，这样的人除非运气超好，否则根本没有突破绝境的可能。在生活中，我们要有意识地锻炼自己的思维能力，不要等到遇到困难才开始学习。不论思考什么事，都应该多想几步，综合运用下面几项思维方法：

1. 逆向思维

多数人的思维是一条直线，根据眼前的现象，由表及里地想问题，或者根据一些零碎的事实，靠常识推测大概情况。遇到困难的时候，这样的人只会针对困难本身，想到的也都是常规的解决方法，一旦这些方法全部行不通，他们就会陷入无助的状态。

如果你愿意把事物反过来想一想，就多了一种思维模式。逆向思维最简单的体现莫过于对既定事物的反应。有个很经典的故事，说两个皮鞋推销员到了一个岛国，发现岛上没有人穿鞋，一个人立刻就要打道回府，而另一个人却要立刻投资建厂，因为他发现了大市场。

2. 曲线思维

《水浒》中，景阳冈上有猛虎，武松喝醉了酒，将它打死。有时候绝境就像我们面前的老虎一样，绝大多数人没有武松的魄力，也没有武松过人的武力，所以面对这只老虎，选择另一条路才是最正确的，这就是绕过困难达到目的的曲线思维。

不偷懒是体现这种思维的关键。不论是思维上还是行动上，谁都知道两点之间直线最短，但没有那么多的直线刚好让你遇到，发现前方行不通的时候，马上换一条路，哪怕要付出更多的时间和精力，也好过在一面南墙下面踱步。

3. 全面思维

越有城府的人越懂得全面思考问题的重要性，而单纯的人的思维常常局限在事物的一个方面。每一件事都是复杂的，比我们想象的要复杂得多，想要解决问题必须看到事情的方方面面，将事情的每一个关键点理清，才不会出现思虑不周的情况。全面思维最大的好处是站得高就看得远，很容易寻找到思维的死角，跨过这个死角，解决问题的方法就会变得更多。

循规蹈矩的人因为肯下工夫，常常取得循规蹈矩的成就，而思维灵活的人做事不按常理出牌，常常能够出奇制胜，取得更大的成就。不是每个人都有这种思维，但至少要有意识地多想想，这种“多想”能够保证你在绝境中多些想法和尝试，而不是一条路走到黑。

此时的困境不代表明天的失败

困境到来的时候，人们最直接的反应是：没希望了。他们最担心的不是现在遭遇的损失，而是害怕连明天都要跟着损失，未来会是一连串的失败。绝望的时候，他们会觉得自己再也没有成功的可能，之前一再的失败就是佐证。他们断定今日的失败意味着明日更大的失败，今日的差距再也无法弥补，明日变得不可逾越。

实际上，没有人能预言明日的失败，因为谁也不知道明天究竟会发生什么，你怎么知道明天不会有转机？你怎么知道坚持下去就不会有回报？轻易对明天下结论，是一种不自信的表现，一个人在心理上认输，就会对一切产生不自信的念头，甚至开始怀疑自己当初的选择是不是对的，后悔自己没有使用另外一种方法。

此一时彼一时，今天的失败不意味着明天仍然倒霉。要知道人生是一条起伏的曲线，没有人的运气一直在谷底，除非你愿意一直留在最差的状态，不愿改变。或者说，即使你对今日的困境耿耿于怀，即使你对未来没有任何自信，也不要停下手边正在做的事，至少不要有放弃的念头，只要坚持下去，总有成功的可能。

一个男人垂头丧气地进了一家酒吧，开了一瓶又一瓶酒，喝得抬不起头。直到酒吧接近打烊，他还没有离开的意思，服务生只好叫来老板。

老板让服务生先走，自己为男人递上一杯醒酒的饮料，关切地问："不知道你发生了什么事，如果不着急回家，你可以跟我说说。"

男人像找到了知音，开始倾吐自己的心事。原来，男人的事业遭遇了困境，他原本是一家国有企业的员工，有很好的前途，因为累积了人脉和经验，就辞了工作，自己开了一家公司。最初两年一切都很顺利，男人也有了一笔积蓄，今年他投下本钱扩大了公司规模，没想到几个月后就遇到了销售危机，如今他负债累累，不知道明天自己是不是就要破产。

老板说："你的经历和我很相似，当年我也辞掉了一份稳定高薪的工作下海经商，不过我没你那样的运气，你至少有两年好光景，我从一开始就在赔钱，不过我不认为自己会一直失败，所以一直没放弃，直到5年后终于有了起色。你现在就借酒消愁，是不是太早了？"

没有什么事能一蹴而就，成功更是如此。酒店老板给失败的男人讲述自己的经验，但是否有用，仍然要看男人自己是否接受。如果他认为自己不会有老板的运气，再干15年也不会有成就，那老板的一番话等于白说，这个男人就会变成彻头彻尾的失败者。就算男人相信了老板的说法，愿意以乐观的眼光看待未来，他也要有积极的行动，才能重现老板的成功。有过失败的经验，下一次男人会更加仔细、小心，也更加懂得盘算和努力，这些都是走向成功的关键。

没有人一出生就注定成功，同样的，也没有人注定会在失败。想要做一番大事，就要具备以下素质：

1．经得起失败

抗压能力是做大事的必要条件，抵抗不了压力的人肯定一事无成。就像大海中的船舶，那些行驶得最远的都经得起风浪，而有些船即使看着好看，运货量大，一旦风浪来了，就会直接沉没，你说这样的船有什么用？

想要成功的人经得起颠簸，即使有再大的风浪也会稳稳地掌舵，每一次失败都可能是一次绝境，跨过去，前方就有新的道路出现。如果迟疑着不肯迈步，只能被失败又一次打败。

2．耐得住寂寞

成功有时需要等待，有时候做大事的人常常觉得自己走在一条羊肠小道上，没有一个同伴，前方随时可能出现危险和此路不通的状况，越往高走，这种感觉越是明显。但是，寂寞虽然给人无助的感觉，却也让人消除了外界的烦扰，在寂寞中能够冷静下来寻找出路，思维反而更加清晰。

寂寞也考验了一个人的耐心，让一个人学着循序渐进，不再急躁。任何过程都是变化中的等待，不积累一定的量，就没法引起质变，所以在成功之前，一定要学会埋头苦干。

3．受得起敲打

努力做事的人还要承受一定的舆论压力。也许你做的是一件旁人都不看好的事，难免有人好心劝你赶快改行，以免将来后悔；也会有人冷言冷语，讽刺你在做无用功；甚至有人幸灾乐祸，挑着你的毛病看你出丑。人心难测，不是所有人都会鼓励你，你要受得了来自他人的压力，才能让自己的更加坚强。

西方有句谚语：“罗马不是一天建成的。”成功需要厚积薄发。只要有不怕失败的精神，有顽强不屈的毅力，困境在你面前仅仅是一个考验。对于懦弱无能的人，今天的困境代表的是明天更大的困境；对于拼搏肯干的人，今天的困境代表的是明天的成功。

静观其变，总能等到成功

对待任何情况都要有变通的心态，包括对待绝境。绝境会出现，说明有长期的缺失，例如自身能力不足缺少应对能力，长期的漏洞导致无法弥补等，压迫性的状况造成人的暂时性“无能”，不是不想对抗，而是即使对抗了也没有什么实际作用，这个时候，不妨不要对抗它，静静地观察，直到转机出现。

在绝望的情况下如此，这种思维还可以延续到生活的各个领域，不论哪种情况，只要你觉得手足无措，完全想不到办法，也找不到人帮忙，但你还不想放弃的时候，静观其变就成了你的唯一选择，也是最佳选择。把事情的每一个变化看清楚，适时地调整自己，就能找到机会，然后一举成功。

心态沉稳的人相信成功是努力和等待的结合，没有努力，天上不会掉馅饼，谁也不会把成绩送上门，努力是一切成就的基础。和努力相比，时机也很重要，如果时机不对，再多的努力也是白费。而时机对了，花费很少的力气就能取得很大的成就。当然，后者运气成分很大，不会被讲究实际的聪明人采纳，他们更相信在努力中等待时机才是最好的方法。

一家大公司正在招聘一个重要部门的经理，投来简历的既有资深的商场人士，也有海归博士，更不乏朝气蓬勃的社会新人。董事长很重视这个职位，通过层层选拔，有3个人获得最终考试的资格。

这一天，3个应聘者同时收到邮件，要求3人于次日下班后到公司人事部进行最终面试。3位应聘者经过悉心准备，准时到达公司，却发现公司大门紧锁，一个人也没有。

“是不是写错了日期？”一个应聘者等了一个小时，决定回家查证。

“一个大公司如此不注重信誉，让我失望。”第二个应聘者等了两个小时，决定离开。

直到深夜，第三个应聘者还在等待，这时董事长的汽车缓缓开来，车里坐了董事长和几位经理，他们恭喜应聘者获得了这个职位。原来，这是一次董事长精心设计的测试，旨在考察应聘者的牺牲精神和耐力，只有第三个应聘者通过了考验，成功拿到了职位。

第三个应聘者知不知道董事长的目的？他也许根本不知道。不过，他相信一个大公司的董事长不会无缘无故和人开玩笑，也不会把重要事件弄错，在这种情况下，在原地等待问个究竟，好过自顾自地下结论，然后自己回家。而董事长的测试也道出“静观其变”的精髓：牺牲的精神和耐力。牺牲精神，既是指可能浪费自己的时间与精力，也是指在选择坚持的时候放弃了其他可能；耐力，则是等待者的必备素质。

静观其变应该成为一种习惯，既是思维习惯，也应该是遇到困境时候的第一反应。绝望说到底是一个心态问题，如果能从心态上彻底突破，人就能在多数情况下保持自信和冷静，这无疑能使人变得更细心、更谨慎、更平稳，也更优秀。静观其变不是说安静地站在原地什么也不做，而是要做到以下几点：

1．关注细节

人们常说细节决定成败，在困境中，每一个微小的变动都可能是转机，要关注环境的每一个细节，因为细节的变动常常是整体变动的前奏，你看到了，才能见微知著，决定自己的下一步。此外，我们遇到的困境很少是纯外界因素造成的，困境主要由人力控制，要观察环境中的每个人，看清他们的一举一动，他们的行为必然会影响到局势的发展，你也可以通过改变某个人而使事情向有利的方向发展。

2．放眼整体

一块精美的手表能够成型，既要有设计师精湛的眼光，也要有技师的技术，也就是说，既要注重整体，也要注重细节。有整体意识最大的好处是更明白自己的处境，而且也更甘愿为了长远利益做出暂时的牺牲。而且看事情全面就会看到很多以前忽略的东西，从中找到与以往不同的思路，这本身就是一种锻炼。

3．不放弃任何机会

对待绝境，有时候需要背水一战的勇气，有时候需要铁杵磨成针的耐性，有时候需要出奇制胜的思维能力，其实，这些东西都不过说明一个道理：如果不放弃任何机会，总有一个方法能让你突破绝境，一个方法不对就去试下一个。静观其变的最高含义是“静中有动”，在冷静中寻找突破的方法，看到机会、想到办法就立刻动起来。